Gerhard Jaworek

Blind zu den Sternen

Mein Weg als Astronom

AQUENSIS
MENSCHEN

Dieses Buch handelt von Inklusion. Deshalb hat sich der Verlag entschieden, es auch für Menschen mit Sehbehinderung gut lesbar zu gestalten. Das heißt: deutlicher Schrifttypus, keine Trennungen, linksbündiger Flattersatz. Dies mag auch für den Normalsichtigen eine neue Leseerfahrung sein.

Impressum
Gerhard Jaworek:
Blind zu den Sternen, Mein Weg als Astronom

Printed in Germany

Printed in Germany

Lektorat: Gereon Wiesehöfer
Layout: Tania Stuchl, design@stuchl.de

Printed in Germany

ISBN: 978-3-95457-134-5

www.aquensis-verlag.de
www.baden-baden-shop.de

Liebe Leserinnen und Leser,

es ist kein Zufall, dass Sie sich an dieses Büchlein wagen. Irgendetwas muss Sie bewegt haben, sich mit der Tatsache näher zu befassen, dass es blinde Astronomen zu geben scheint, die noch dazu Bücher schreiben. Gerne nehme ich Sie mit und zeige Ihnen, wie es dazu kam. Dieses Büchlein handelt nicht von einem blinden Menschen, der über einen „sechsten Sinn" verfügt - wie oft wird angenommen, dass es so einen Sinn gäbe. Aber vier verbleibende Sinne sind nun einmal vier verbleibende Sinne, die allenfalls etwas besser trainiert sind. So kommt das Gehör bei Orientierung und Mobilität deutlich mehr zum helfenden Einsatz.

Ich höre die Sterne nicht und fühle auch den Vollmond nicht. Hätte ich keinen Kalender, wüsste ich nicht einmal, wann Vollmond ist.

Dennoch wird viel vom Hören, von Musik, von Tönen, aber auch von Farben die Rede sein. Ich schreibe dieses Buch, weil ich Sie an meiner Liebe zu Wissenschaft und Astronomie, an meiner Welt und wie ich sie wahrnehme, teilhaben lassen will. Ich zeige Ihnen, wie vielfältig ein Leben auch ohne Sehsinn sein kann. Ich freue mich, wenn

Sie am Schluss der Lektüre sagen: „Ich habe erleben dürfen, die Welt mit den Sinnen eines Menschen mit Blindheit wahrzunehmen."

Da sich Astronomie in so viele andere Disziplinen verzweigt, z. B. in Physik, Chemie, Philosophie, Religion, Technik, Musik und Geschichte, bietet sie eine ideale Chance für gemeinsamen Unterricht von Menschen mit und ohne Behinderung, für einen sogenannten inklusiven Unterricht. Außer den Sternenhimmel selbst betrachten zu können, kann nahezu alles, was diese Wissenschaft betrifft, von Menschen ohne Sehvermögen bewältigt werden.

Ich wünsche mir, Sie mit meiner Lektüre zu überraschen, gerne auch zu verblüffen. Auch ein Aha-Erlebnis freut mich sehr. Außerdem will ich in diesem Buch das Bewusstsein dafür schärfen, dass eben nicht alles für Menschen mit Blindheit so selbstverständlich ist wie für Sehende.

Geburtsblinde Menschen sprechen mit Sehenden über Farben, obwohl sie keine Vorstellung davon haben. Auch das ist eine Tatsache. Manche Blinde lieben Fußball, obwohl sich die wenigsten vorstellen können, was sich dort auf dem Platz genau abspielt. Viele blinde Jugendliche hängen sich ihre Idole an die Zimmerwände. Dabei sein und mitreden können, das ist häufig unser Schritt zur Inklusion.

Sehende Menschen machen sich oft gar kein Bild darüber, wie wenig Informationen Menschen mit Blindheit unter Umständen über eine Sache zur Verfügung stehen, und wie viel sie sich dazu denken müssen, um Lücken zu kompensieren. Dennoch gibt es fast nichts, woran blinde Menschen nicht teilhaben könnten.

Zu meiner Person

Am 21. Februar 1969 wurde ich als fünftes von sechs Kindern in Schopfheim geboren. Da ich zwei Monate zu früh das Licht der Welt erblickte, musste ich zunächst in den Brutkasten. Nach dem damaligen Stand der Medizin wurden Frühgeburten mit reinem Sauerstoff versorgt. Nicht selten, so auch bei mir, führte dies zu einer Augentrübung, die der Grund für meine Blindheit ist. In den Industrienationen war diese Art der Erblindung die häufigste Ursache.

Medizinisch betrachtet galt ich immer als zu 100% erblindet, verfügte aber, bis ich Mitte 20 war, über eine Hell-dunkel-Wahrnehmung, die sich dann mit der Zeit verschlechterte und verloren ging. Aufgewachsen bin ich mit meinen zwei Brüdern und drei Schwestern in einer Arbeiterfamilie. Somit führte vor allem mein Vater uns schon als Kinder an technische Dinge heran und lehrte uns den Umgang mit Werkzeug und Werkstoffen wie Holz. Ich erinnere mich noch, dass ich als kleines Kind Zeitungen reißen musste, aus denen anschließend mit Kleister Pappmaschee angerührt wurde, womit mein Vater die Landschaft für seine riesige elektrische Eisenbahn modellierte.

Von meiner Mutter wurden wir schon als Kinder stets zur Arbeit und Mithilfe in Haus, Hof und Garten herangezogen. Jeder musste für alle etwas übernehmen und war dafür verantwortlich. Schon mit vier oder fünf musste ich auf einem Schemel stehend Geschirr abtrocknen. Dabei habe ich übrigens sehr viele Volkslieder gelernt. Später half ich dann auch im Garten bei der Ernte mit.

Aufgrund der Größe unserer Familie konnte auf meine Einschränkung nicht viel Rücksicht genommen werden.

Ich war bei allem dabei, musste bei allem helfen und von mir wurde dasselbe wie von meinen sehenden Geschwistern verlangt. Das war nicht immer fair. Es würde in der heutigen Zeit, in welcher blinde Kinder oft überbehütet werden, niemand mehr verlangen, dass ich als blindes Kind beispielsweise auf dem Feld helfe, Kamille zu pflücken. Es dauert einfach länger, wenn man die Blümchen ohne Augen suchen muss, und ich war ob dieser Langsamkeit oft frustriert und entmutigt und verlor das Selbstvertrauen. Andererseits verdanke ich dieser harten Schule eine Selbstständigkeit und Fertigkeit in so vielen Dingen, die ein blindes Kind heutzutage kaum noch erlangen kann, weil Kinder im Allgemeinen meist nicht mehr in diesem Maße im Haushalt mithelfen müssen.

Somit kann ich heute retrospektiv große Dankbarkeit für meine nicht immer einfache Kindheit empfinden. Vor dem Hintergrund des Inklusionsgedanken möchte ich hier nicht versäumen zu erwähnen, dass ich für meine klassische Ausbildung in Blindentechniken, wie Blindenschrift, Mobilitätstraining und sonstiger lebenspraktischer Fertigkeiten, die ich in sechzehn Jahren an verschiedenen Blindenschulen und Einrichtungen erlernen durfte, sehr dankbar bin.

All dies ist mir auch in der heutigen Zeit, wo im Blindenwesen viel mehr moderne Technologie Einsatz findet, eine große Hilfe. Der Inklusionsgedanke und dessen Umsetzung ist ein fließender Prozess und muss sich entwickeln. Dabei dürfen aber die unverzichtbaren Blindentechniken nicht auf der Strecke bleiben, was momentan leider in manchen Fällen geschieht. Dies aber nur am Rande. Mehr über meine Persönlichkeit erfahren und erleben sie, indem sie sich auf meine kleine Sternenreise, die auch zu mir führt, einlassen.

Ihr Gerhard Jaworek

Mein Forschergeist wird geweckt

Wie man sich entwickelt, was aus einem wird, welchen Beruf man ergreift und wo Interessen und Abneigungen liegen, hängt von vielen Faktoren ab. Familie, Schule, Vorbilder und Lebensraum tragen ausschlaggebend dazu bei.

Selbstverständlich spielen auch Veranlagungen und Begabungen hier eine erhebliche Rolle. In diesem Kapitel erfahren Sie, wie sich meine Liebe und Zuneigung zur Wissenschaft entwickelte, welche Personen und sonstigen Faktoren diesen Weg für mich vorzeichneten.

Weltraumhelden

Wie alle Kinder meines Alters wuchs auch ich ganz selbstverständlich im Schatten von Captain Kirk und seiner Enterprise auf. Star Wars, Raumpatrouille und viele andere beeindruckten mich schon immer sehr. Stets mochte ich Handlungen mit viel technischem Bezug. Außerdem faszinierten mich die vielfältigen futuristischen Geräusche.

Doch von den meisten unserer heroisch verehrten Helden oder deren Fahr- oder Fluggeräten hatten wir Blinde keine Vorstellung. Abtastbare Modelle, die wir hätten befühlen können, standen nicht zur Verfügung. Natürlich waren diese Dinge, wie heutzutage auch, käuflich zu erwerben. Meist scheiterte es aber entweder am Preis oder daran, dass man erst jemanden finden musste, der bereit war, sehr viele Stunden dafür zu opfern, ein Modell mühsam zusammenzukleben.

Oft durfte ich fertig zusammengebaute Modelle nicht berühren, weil die Besitzer Angst hatten, ich würde etwas abbrechen oder das Modell irgendwie beschädigen. Oft genug passiert mir das nicht nur bei Modellen, sondern auch bei anderen Heiligtümern, wie Motorrädern, Autos oder Flugzeugen, an welchen ja nun wirklich nichts abbrechen kann. Normalerweise spricht man uns Blinden eine übersensible Wahrnehmung zu. Wenn es aber darum geht, das „Heiligste" zu berühren, ein Stückchen Welt zu erfahren, verlässt viele der Mut, dies zu gewähren.

Super-Oma

Schon als Kind war ich ein sehr wissensdurstiger kleiner Mensch. Davon wissen vor allem meine verstorbene tolle

Großmutter, mein Taxifahrer, der uns immer ins Internat und von dort nach Hause fuhr, und viele andere ein Lied zu singen.

Als ich sechs Jahre alt war, hatte ich mit Oma den ersten naturwissenschaftlichen Disput in meinem Leben. Ausgangspunkt war vermutlich mein Problem damit, dass wir doch von der Erde herunterrutschen müssten, wenn sie denn rund sei. Meine Oma wollte mir vereinfachend erklären, dass die Erde uns magnetisch anzieht, damit wir nicht herunterfallen. Viele Jahre habe ich mich mit den Unstimmigkeiten dieser Antwort, die ich schon mit meinen sieben Jahren wahrnahm, gequält: Wie soll uns die Erde magnetisch anziehen, wo wir doch gar nicht aus Eisen sind? Reichte hierfür das Eisen unseres Blutes aus? Ich wusste ja aus der Fernsehserie Popeye, dass Spinat deshalb so stark macht, weil er viel Eisen enthalten soll. Auch wenn das heute schon wieder etwas anders gesehen wird.

Vermutlich wurde meine Frage erst in der Schule geklärt. Allerdings erinnere ich mich nicht mehr genau daran, seit wann mir der Unterschied zwischen der Schwerkraft-Anziehung und dem Erdmagnetfeld klar wurde. Meine Oma zumindest kannte diesen Unterschied, wie sich im weiteren Verlauf des Gespräches ergab, wohl nicht, denn sie konnte mir das Problem mit dem Eisen nicht erklären. Komischerweise bin ich mit dieser Frage nie zu einem Lehrer gegangen. Vermutlich zweifelte ich in letzter Konsequenz nicht an der Richtigkeit dieser Antwort, wurde sie mir doch von meiner Super-Oma geliefert. Die musste einfach stimmen. Alles andere damit war mein Problem.

Frag und es wird Tag

Ganz eindrücklich in Erinnerung sind mir noch die Fragestunden unseres Mathematiklehrers, die er immer in der letzten Stunde vor den Ferien abhielt. Wir durften fragen und er antwortete. Da er Mathematik, Physik und Chemie unterrichtete, stellten wir ihm somit auch eher technische Fragen. In Verbindung mit unseren Weltraum-Spielen erkundigten wir uns oft nach dem Weltall, dem Sonnensystem oder was sonst damit zusammenhängt. Seine Antworten waren so faszinierend, dass auch diese Fragestündchen wie frisches Wasser auf meine wissensdurstige Seele wirkten und das Pflänzchen des astronomischen Interesses wachsen und gedeihen durfte.

Wie zuvor schon erwähnt, hatte ich einen wunderbaren, geduldigen Taxifahrer, der sich sehr gut in technischen Belangen auskannte. Auf der Fahrt von Ilvesheim nach Schopfheim (mehr als 250km) konnte man, vor allem wenn Stau auf der A5 war, viele Fragen stellen. Inhaltlich ging es aber hier eher um Motoren und Autos. Aber auch diese Fahrten sättigten meine Neugier nicht, sondern fachten sie noch an.

Ich erinnere mich daran, wie er meinen Forschergeist weckte, indem er mir erklärte, dass man das Phänomen, dass der vorbeifahrende Krankenwagen zunächst höher, dann tiefer klingt, den Dopplereffekt nennt. Das war doch mal etwas Greifbares. Ein Effekt, den man hören kann. Ich wusste bereits vom Schall, der sich in meiner damaligen Vorstellung wie kleine Bällchen ausbreitet.

Und so ist mir dann mit meinen neun Jahren die Erkenntnis gekommen: Wenn die Hupe des Krankenwagens seine Schallbällchen immer mit der gleichen Kraft, also Lautstärke, wirft, und er gleichzeitig auf mich zufährt, benötigt jedes nachfolgende Schallbällchen etwas kürzer als sein Vorgänger, bis es bei mir ist. In der gleichen Zeit muss ich immer mehr Bällchen fangen, weil diese in immer kürzeren Abständen kommen.

Der Ton wird somit höher. Ist der Krankenwagen dann vorbei, braucht jedes Folgebällchen wieder etwas länger als sein Vorgänger.

Das war mein Dopplereffekt. Gefunden irgendwo im Stau auf der A5 zwischen Basel und Ilvesheim, wo ich zur Schule ging.

Leuchtendes Spielzeug

Ganz wesentlich hat auch mein Vater dazu beigetragen, dass ich mich heute für technische Dinge interessiere. Um meinen Sehrest zu fühlen, spielte ich als Kind sehr gerne mit Gegenständen, die leuchten konnten. Taschenlampen, Spiegel und andere reflektierende Dinge hatten es mir angetan. Mein technisch begabter Vater baute mir eines Tages aus einem alten Schreibmaschinenkoffer einen Apparat mit vielen Schaltern und Lämpchen.

Das war mein liebstes Spielzeug. Zunehmend ließ er mich einfachere technische Dinge selbst bauen und erforschen. Somit war mir der Umgang mit Werkzeugen, Holz, Kabeln etc. bald bestens vertraut.

Diese drei hier erwähnten Personen - meine Großmutter, mein Taxifahrer und mein Vater - sollen als Beispiele genügen. Es gab noch viele, die ich hier erwähnen könnte.

Dumme Fragen

Ganz besonders möchte ich aber zum Schluss dieses Kapitels diejenigen erwähnen, die Fragen unterdrückten, Antworten nicht gaben, oder Fragen als dumm hinstellten, um zu verbergen, dass sie selbst die Antworten nicht wussten. Auch an jenen durfte ich wachsen und vieles erkennen.

Mit zwölf Jahren hörte ich in einer Radiosendung die Frage, ob Gott in der Lage sei, einen Stein zu erschaffen, der so schwer wäre, dass er ihn selbst nicht tragen könne. Das war, soweit ich mich erinnere, mein erster Kontakt zur Philosophie. Fasziniert von dieser Frage trug ich sie gleich bei nächster Gelegenheit im Religionsunterricht vor.
Den Rest der Stunde musste ich armer Sünder dann vor der Tür verbringen. Von diesem Augenblick an war auch Philosophie für mich interessant, da es offensichtlich verboten war, derartige Fragen zu stellen.

Astronomische Erlebnisse

Trotz allem Verständnis für mein gewecktes Interesse an Naturwissenschaft und Technik, ist es für viele Menschen erfahrungsgemäß nicht nachvollziehbar, weshalb sich ein Mensch mit Blindheit ausgerechnet für die Astronomie als Hobby entscheidet. In diesem Kapitel zeige ich Ereignisse und Vorkommnisse in Bezug auf Weltraumforschung und Astronomie, von denen ich überzeugt bin, dass sie ganz wesentlich für meinen Weg verantwortlich zeigten.

Mondlandung

Zwei Dinge habe ich im Leben schon häufiger bedauert und dies auch kundgetan: Zum einen wäre ich gerne ein Kind der 68er-Bewegung gewesen, und zum anderen hätte ich gerne die Mondlandung im Fernsehen miterlebt. Zu dieser Zeit war ich jedoch erst vier Monate alt und habe die Mondlandung entweder schlafend verpasst oder meine Mutter durch mein Geschrei davon abgehalten, das komplette Ereignis verfolgen und alles sehen zu können.

Gestatten Sie mir an dieser Stelle einen kleinen Vorgriff. Einige von Ihnen dürften eine ungefähre Vorstellung davon haben, wie der Flug zum Mond vonstattenging. Wer nicht, kann sich leicht über das Internet Videos der NASA ansehen, die dies entweder veranschaulichen oder sogar originale Inhalte zeigen. Natürlich müssen Sie hierfür sehen können. Einer der spektakulärsten Augenblicke neben dem ersten Schritt auf den Mond ist der Moment, in dem das von der Rakete abgekoppelte Raumschiff gedreht wird, um an der Mondlandefähre anzudocken, die dann anschließend aus dem zurückbleibenden Raketenteil gezogen wird. Ich wage hier die These, dass 99,9 % aller blinden Menschen nicht wissen, wie dieser Mondflug abgelaufen ist.

Auch mir war es nicht bekannt. Ich war bereits über 30 Jahre alt, als sich einer meiner Studienkollegen ein Modell der Apollo-Rakete in einem Spielzeugladen kaufte, das sicherlich aus mehreren Tausend Teilen bestand und selbst zusammengeklebt werden musste. Er hielt sich nicht genau an die Bauanleitung, weil er die Rakete so bauen wollte, dass sie an wichtigen Stellen geöffnet werden konnte. Mit diesem Modell war es mir möglich, das erste und vermutlich einzige Mal in meinem Leben das Andocken des Raumschiffs an die Mondfähre zu begreifen. Auch die Form der Fähre kannte ich lediglich aus ungenauen Beschreibungen. Obwohl ich ausschließlich auf Sonderschulen für Blinde ging, blieb mir jener Schritt, der für Neil Armstrong klein, für die Menschheit aber unendlich groß war, immer vorenthalten, so als gehörten wir Blinde nicht dazu. Diese Tatsache alleine war Grund genug, dieses Buch zu schreiben. Dazu aber später mehr.

Sonnenflecken

Ich weiß nicht mehr genau, wodurch ich erfuhr, dass insbesondere die Astronomie eine Wissenschaft aller Schichten und Bildungsgrade darstellt. Stets fühlte ich, selbst aus einfachen Verhältnissen stammend, mich stark mit jenen verbunden, die es „trotzdem" geschafft hatten, etwas Wesentliches zu Forschung, Erfindung und Fortschritt beizutragen.

Die Astronomie zeichnet sich immer wieder dadurch aus, dass sie eine geeignete Wissenschaft auch für Amateure darstellt. Und vor allem bei der Beobachtung der Sonne kamen und kommen sie aus den unterschiedlichsten Schichten und Bildungsgraden. Sonnenflecken zum Beispiel eignen sich ganz hervorragend für solche Hobbyastronomen, die in der

Regel nur kleinere Teleskope zur Verfügung haben. So beobachtete die Hausfrau Siglinde Hammerschmidt in den 80er-Jahren einen kompletten Fleckenzyklus von elf Jahren und zeichnete ihn als Schmetterlingsdiagramm auf. An dieser Stelle will ich auch würdigen, dass sie dabei immer bedenken musste, wie sich im Jahreslauf unsere Sicht auf die Sonne verändert und dass die Sonne in ungefähr 28 Tagen um sich selbst rotiert und die Flecken dieser Bewegung folgen müssen. Siglinde Hammerschmidt erlangte dadurch eine gewisse Berühmtheit, denn bis heute zählt ihr „Schmetterling" zu den präzisesten und schönsten.

Zum Verständnis: Mittels Schmetterlingsdiagrammen zeichnen Astronomen die Zyklen zwischen Sonnenflecken-Maxima und -Minima auf.
Ein derartiger Zyklus dauert elf Jahre.

Skylab und Space-Shuttle

Nachdem ich eingangs bereits meine Großmutter erwähnt habe, möchte ich an dieser Stelle auch meine Mutter würdigen. Kurz bevor Skylab, die erste Raumstation der Welt, am 11. Juli 1979 nach sechs Jahren im Weltall wieder in die Erdatmosphäre eintrat und abstürzte, war es nachts möglich, sie bei guten Bedingungen zu sehen. Meine Mutter, von Beruf Hausfrau, bemühte sich sehr, eine solche Nacht nicht zu verpassen, und erzählte mir davon. Sie hatte ein natürliches, angeborenes Interesse an derlei Vorkommnissen. Sie arbeitete sich rasch in neue Technologien ein, war dafür begeisterungsfähig und hätte, wenn sie noch leben würde, sicherlich auch am Internet und Smartphone ihre Freude.

In der Zeit des bevorstehenden Absturzes der Raumstation bekam ich deutlich mit, dass dieses Ereignis immer wieder im Radio angesprochen wurde. Es schien wirklich wichtig zu sein. Auch im Pausenhof und Internat war das Thema stets präsent.

Ich kann mich auch noch an den Jungfernflug der Columbia, des ersten ausgelieferten Space-Shuttles, im April 1981 erinnern. Ich glaubte, wie viele andere auch, dass es bald mit den wiederverwendbaren Raumfahrzeugen für jeden möglich sein würde, einen Ausflug ins All zu machen. Unsere ganze Familie saß vor dem Fernseher und meine Mutter versuchte, mir das Raumschiff zu erklären. Besonders merkwürdig erschien mir die Tatsache, dass es an seiner Außenseite gekachelt war. Dann fühlte es sich offensichtlich so an, als ertaste man Fliesen an einer Wand.

Nach vielen erfolgreichen Missionen mit dem Space-Shuttle, u.a. der Installation des Hubble-Teleskops im All, des erfolgreichsten Forschungsinstruments der Menschheitsgeschichte, wurde das Programm nach dem Absturz der Columbia 2003 eingestellt.

Auch hier ergibt sich wiederum das gleiche Problem wie zuvor: Obwohl das Space-Shuttle so einen großen technischen Fortschritt darstellte, ist mir der Wunsch bis heute nicht erfüllt worden, anhand eines Modells zu erfahren, wie es aussieht.

Weltraumspaziergänge (Reparatur von SMM und Hubble)

Die Reparatur der Sonde SMM in den 80er-Jahren, bei der ein Sonnensegel klemmte, war wohl eine der spektakulärsten Weltraumspaziergänge überhaupt. Das hat mich sehr beeindruckt. Vor allem die Tatsache, dass Astronauten auf der Erde den Schaden und die

Reparatur vorher im Wassertank simulierten, erweckte in mir den Wunsch, selbst auch einmal in einen Wassertank zu steigen, um Schwerelosigkeit zu erleben.

Schön nachzulesen ist diese Mission bei „Der Stern, von dem wir leben – den Geheimnissen der Sonne auf der Spur" von Rudolf Kippenhahn.
Auch die späteren Missionen zum Weltraumteleskop Hubble beeindruckten mich tief. In diesem Zusammenhang versuchte ich mir immer wieder vorzustellen, wie sich Schwerelosigkeit anfühlt, dass ich meine eigenen Schritte auf dem Mond nicht hören kann, und wie es wohl ist, solch einen Raumanzug zu tragen und wie darin die Atemluft riecht. Früher, als ich noch über einen kleinen Sehrest verfügte, fragte ich mich auch, ob ich wohl die Sterne vom Weltall aus ohne Wolken, Lichtverschmutzung und ohne atmosphärische Störungen hätte sehen können. Die Tatsache, dass es durch die nicht vorhandene Atmosphäre im Weltraum, an deren Teilchen das Sonnenlicht in alle Himmelsrichtungen gestreut wird, wirklich dunkel und schwarz ist, wenn man im Weltall unsere Sonne im Rücken hat, fasziniert mich bis heute.

Die Voyager Mission

Am 5. September 1977 begann eine der erfolgreichsten Weltraummissionen aller Zeiten: die Raum-Sonde Voyager 1 startete ihren Flug in den interstellaren Raum. Zur Zeit (Mitte 2015) ist die Sonde bereits knapp 20 Milliarden Kilometer von unserer Sonne entfernt - und sendet immer noch Daten zur Erde.
Im Artikel „Fernsteuerung und Fehlerkontrolle von Voyager 2" in Spektrum der Wissenschaften 1987/1 von Richard P. Laeser, William I. McLaughlin und Donna M. Wolff wird sehr anschaulich erläutert, wie die Sonden aussehen, was die Mission erreichen sollte und welche außergewöhnlichen Wege gegangen wurden, um die Ziele zu verwirklichen. Alles ist so klar geschildert, dass sich selbst bei mir als blindem Menschen eine klare Vorstellung des Aussehens der Sonde entwickelte.
Ich möchte daher an diesem Beispiel aufzeigen, wie spannend Weltraumtechnik und Astronomie für Menschen mit Blindheit sein kann.

Beschreibung der Sonde

Wie in vorigen Kapiteln schon anklang, ist es für Blinde oft nicht möglich, einen taktilen Zugang zu derlei Dingen zu erhalten. Das bedeutet, dass man entweder gar keine Vorstellung vom Aussehen einer Sonde erwirbt oder sich mit möglichst guten und detaillierten Beschreibungen behelfen muss. Im Fall der Voyager-Mission ist aufgrund der exzellenten Beschreibung in dem oben genannten Artikel mein dreidimensionales Bild der Sonde so klar und deutlich, dass ich sie vermutlich mit geeigneten Materialien aus meiner Vorstellung heraus nachbauen könnte. Sicherlich wären dann einzelne Details noch immer falsch, da ich sie mir z. B. in der Größe anders vorstelle. Aber ich bin davon überzeugt, dass die wesentlichen Elemente in ihrer Funktionalität richtig an ihrem Platz wären.

In vielen Fällen haben selbst sehende Menschen nur eine unklare visuelle Vorstellung einer Sache. Häufig ist das für das Verständnis auch völlig unerheblich. Kaum ein Mensch kann sich beispielsweise den Graphen einer mathematischen Funktion absolut visuell und genau im Kopf vorstellen. Will man präziser darüber Bescheid wissen, muss man die Funktion zum Beispiel diskutieren.

Dennoch bekommt man mit der Zeit ein Gefühl dafür, wie eine Funktion als Graph ungefähr aussehen könnte, etwa ob sie eine Schwebung hat. Das hilft einem unter Umständen, sich für das richtige mathematische Werkzeug zu entscheiden.

Manche blinde Menschen leiden sehr unter der permanenten Angst, zu wenig visuelle Informationen über eine Sache zu erhalten. Sie hecheln quasi den visuell orientierten Menschen hinterher. Das Wichtigste für Menschen mit Blindheit ist es, den Mut zu haben, sich etwas vorzustellen und mit sehenden Menschen über ihre Vorstellung ins Gespräch zu kommen ohne die Angst, ihre Vorstellung könnte falsch sein.

Nur so, meine ich, kann sich ihr Bild einer Sache komplettieren lassen. Außerdem sollten Menschen mit Blindheit beruhigt und gelassen sein, überschätzen sie doch häufig das visuelle Vorstellungsvermögen Sehender. Nun aber zurück zur Sonde.

Unabhängig davon, ob mein Bild von der Sonde Voyager genau stimmt, möchte ich Sie an meiner Vorstellung teilhaben lassen. Ich zeige hier auf, wie sich mein Bild langsam und Stück für Stück entwickelt und entrollt hat, und wie ich die visuell beschriebene Sonde in meine Vorstellungswelt, die auf taktiler Wahrnehmung basiert, integriert habe.

Zunächst hat die Sonde einen Parabolspiegel mit einem Durchmesser von etwa 3,7 Metern. Diesen stelle ich mir so ähnlich wie eine Satellitenschüssel auf dem Dach vor, jedoch mit mehr Wölbung. Intuitiv dachte ich, dass die Sonde mit diesem Parabolspiegel voran fliegt. Das aber geht natürlich nicht, denn die offene Schüssel muss für den Funkverkehr zur Erde zeigen. Somit zeigt die Rück- oder auch Unterseite des Spiegels stets in Flugrichtung, also weg von der Erde.

Hier taucht in meiner Vorstellung bereits eine Unsicherheit auf. Es wurde in dem zugrunde liegenden Artikel beschrieben, dass zwei Arme aus der Schüssel herausragen. So stellte sich mir die Frage, ob sie aus der Vorder- oder aus der Rückseite herausragten.

An dieser Stelle wird klar, dass Menschen mit Blindheit sehr häufig fehlende Informationen interpolieren, das heißt: durch andere Informationen oder logische Schlüsse ersetzen und ergänzen müssen. So komme ich zu der Überzeugung, dass die Arme mit den Instrumenten an der erdabgewandten Seite in Flugrichtung der Schüssel angebracht sein müssen, denn die Instrumente müssen gute Sicht in Flugrichtung haben, und gleichzeitig muss die Schüssel für den Datenaustausch in Richtung Erde frei bleiben. Flöge die Schüssel quasi den Instrumenten voran, würde sie diese verdecken. Somit wären keine Bilder möglich, ohne dass man immer die Schüssel sehen würde.

Im Weiteren ist die Rede davon, dass die Arme fachwerkartig in ungefähr entgegengesetzte Richtungen zeigen. Das ist nicht schwer vorstellbar. Streckt man die Arme aus, zeigen sie in entgegengesetzte Richtungen. Der Begriff „fachwerkartig" barg hier mehr Tücken. Glücklicherweise habe ich schon öfter Fachwerk-Mauern oder auch Ständerhäuser haptisch erleben dürfen. Somit stelle ich mir die Arme jetzt nicht als durchgängige Stangen vor, sondern eher als flache Arme mit Gitterstruktur.

Dies ergibt auch Sinn, denn eine Gitterstruktur spart Gewicht. An dieser Stelle sei noch einmal angemerkt, dass es im Gespräch mit Sehenden meist nicht wichtig ist, diese Details genau zu wissen.

Und noch etwas faszinierte mich: In dem zugrunde liegenden Artikel wurde an keiner Stelle über Farben gesprochen. Alle Teile wurden erklärt, wobei auf Farbgebung stets verzichtet wurde. Möglicherweise trägt dies der Tatsache Rechnung, dass aufgrund der Lichtverhältnisse dort, wo sich die Sonden momentan befinden, gar keine Farben mehr zu sehen sind.

Einer der beiden Arme trägt drei Generatoren zur Stromerzeugung, denn für Sonnenstrom ist die Sonde bereits viel zu weit von der Sonne entfernt. Welcher der beiden Arme die Generatoren trägt, spielt keine Rolle, denn der Spiegel ist sowieso rund. Für mich ist der Arm mit den Generatoren in Flugrichtung auf der linken Seite. Aus welchen Gründen auch immer stelle ich mir die Generatoren zylinderförmig vor. Dies entspricht von der Form her dem runden Filter eines Aquariums, wie mein Vater früher eines hatte.
Der vermutlich nicht ganz elegant wirkende Ausleger zwischen den Fußpunkten der Arme trägt zwei Magnetometer. Hierbei handelt es sich um Instrumente, mit deren Hilfe Magnetfelder, z. B. die der von der Sonde umkreisten und beobachteten Planeten, gemessen werden sollen. Er ragt in meiner Vorstellung rechtwinklig aus der Rückseite des Spiegels heraus und zeigt stets in

Flugrichtung. Hier bin ich wieder etwas unsicher, denn er könnte auch rechtwinklig zur Flugrichtung in eine Richtung zeigen. All zu wichtig wird dies für den Moment aber nicht sein.

Sind die beiden Magnetometer nun hintereinander an einer Seite des Auslegers angebracht, oder eher an der Vorder- und Rückseite des Arms, zum Beispiel an den Enden einer Art T-Stück? Ich stelle mir immer ein T-Stück vor. Die Spulen, denn so denke ich mir ihr Aussehen, zeigen in meinem inneren Bild mit ihren Kernen stets in Flugrichtung. Zumindest ergibt das für mich einen gewissen Sinn; vielleicht hätte es aber auch Vorteile bezüglich der Messrichtung, wenn die Magnetometer hintereinander angebracht wären.

Zur Erfassung der Plasmawellen und zur Aufzeichnung der Radioastronomie muss die Sonde auch über zwei Drahtantennen verfügen. Ich stelle sie mir so vor, wie man sie von klassischen Antennen alter Kofferradios oder Walkie-Talkies her kennt. Vermutlich waren diese beim Start sogar entweder gefaltet oder ineinandergeschoben. Zumindest weiß ich, dass bei Marsexpress – einer den Mars umkreisenden Sonde – eine mehr als 20 Meter lange Antenne und eine weitere mit sieben Metern Länge zu entfalten waren. Die Entfaltung erfolgte durch die Federwirkung des Materials selbst. Wir kennen dieses Phänomen von Rollmetern her. Hier streckt sich der Messstreifen dadurch gerade, dass er eine seitliche Wölbung einnimmt, sobald man ihn aus der Rolle zieht. Mit Faltknicken, die dann quasi „aufschnalzen", könnte man diese Wirkung auch erzielen. Bei Marsexpress stellte man fest, dass die eine Antenne nicht ganz geöffnet war, denn das Ende pendelte locker herum. Die wurde bemerkt, als man die Sonde drehen wollte. In der Hoffnung, Wärme könnte helfen, wurde die defekte Antenne in Richtung Sonne gedreht. Dies funktionierte. Durch die Erwärmung der Antenne klappte sich auch noch das letzte Stück aus.

Nun verbleibt, um mein Bild der Sonde zu komplettieren, noch der andere Fachwerkarm, der die Plattform mit den Instrumenten und der Kamera trägt. Auch hier ist mir nicht ganz klar, ob die Plattform als Ganzes, oder ob nur ihre Vorderkante in Flugrichtung zeigt und die Instrumente darauf befestigt sind. Da die drei Instrumente, die sich auf ihr befinden, mit Licht zu tun haben, denke ich sie mir alle drei wie ein Kameraobjektiv. Das Aufzeichnungsgerät gleicht für mich einem klassischen Videorecorder. Das stimmt so wohl kaum, denn diese sollte man durchaus für derartige Zwecke platzsparender, zum Beispiel eher würfelförmig, bauen können.

Auf meinem inneren Bild sind alle drei Instrumente nebeneinander und zeigen zusammen mit der Vorderkante der Plattform in Flugrichtung. Dahinter liegen das Videogerät und vielleicht noch ein paar andere Dinge, die zu den Instrumenten gehören. Über diesen rückwärtigen Teil mache ich mir kaum Gedanken, weil er zumindest für mich meist nicht so wichtig ist. Über ihn wird in der Regel auch deutlich seltener gesprochen, wenn es um diese Missionen geht.

Die beiden Rechner stelle ich mir als kleine Würfel vor, die noch auf der Plattform befestigt sind. Wo die Antriebsdüsen angebracht sind, kann ich mir momentan nicht veranschaulichen. Sicherlich hat die Sonde auch Vorrichtungen zur Lageregelung in Form von Düsen und Stabilisierungsschwungrädern. Auch diese und deren Ort kann ich mir derzeit nicht vorstellen. Derartige Ungewissheiten stellen jedoch kein Problem für mich dar. Die Wirkung solcher Schwungräder mache ich mir immer wieder mit Begeisterung anhand kaputter Festplatten klar. Diese drehen sich in der Regel noch, sodass man nach Anschluss an eine Stromquelle durch Kippen und Drehen des Gehäuses wunderbar die Trägheitskräfte spüren kann. Obwohl ich das schon viele Male durchgeführt habe, ist es immer wieder eine neue Erfahrung und ein wunderbares haptisches Erlebnis.

In dem Artikel in „Spektrum der Wissenschaft" ist nun noch davon die Rede, dass sich zwei Teilchendetektoren an der Strebe der Plattform befinden. Diese stelle ich mir als in Flugrichtung zeigende, offene Becher vor – möglicherweise, weil die Teilchen dort hineinfallen sollen. Die Strebe selbst denke ich mir als die Zahnachse für die Z-Richtung (Heben und Senken der Plattform).

Als ich dieses Kapitel schrieb, führte ich mit meiner sehenden Arbeitsplatzassistenz einen kleinen Test durch. Wir besorgten uns aus dem Internet ein Foto der Voyager-Sonden und verglichen es mit obiger Beschreibung. Es war verblüffend, wie sich die beiden Bilder ähnelten, wenn auch nicht in jedem Detail.

Aber ich möchte nicht nur davon erzählen, wie mein Bild von der Sonde entstanden ist, sondern auch von der Faszination, die mich beim Ablauf der Mission ergriff. Das ganzheitliche und ingenieurhafte Denken, welche Randbedingungen durch die Begrenzung der Ressourcen entstehen, zum Beispiel durch die Knappheit der Elektrizität, welche Probleme die Entfernung zur Sonde, die Signallaufzeit und der Dopplereffekt der Funkwellen mit sich bringen, und was die Sonde aus ihrer Richtung oder Bahn treiben kann. Glücklicherweise hatte man in diesem Fall zwei quasi baugleiche Geräte, Voyager I und die später gestartete Voyager II. Somit konnte man vieles an der noch erdnäheren Voyager II zuerst testen, bevor man das Steuerprogramm für ein gewünschtes Szenario auf die schon am Rand des Sonnensystems befindliche Voyager I spielte.

Scharfe Bilder

Die Kamera der Sonde hat keine besonders hohe Auflösung. Das wäre auch schwierig, denn das würde einen potenziellen Anstieg der Datenmenge bedeuten, die zur Erde gefunkt werden muss. Dies wiederum zeitigt einen höheren Energieverbrauch etc. Es ist in der Raumfahrt – oder überhaupt in der Luftfahrt – oft besser, nicht die neueste Technik einzubauen, weil man zum Beispiel deren Schwachstellen und Fehler noch nicht kennt. So hätte – wie in der Vergangenheit bei der Einführung eines neuen Prozessors geschehen – eine fehlerhafte Operation, die zu einer Division durch Null führte, verheerende Folgen gehabt.

Was aber noch viel bedeutender ist: Die Voyager-Sonden führen keine Scheinwerfer mit, um etwas selbst beleuchten zu können. Die Stärke des Sonnenlichts nimmt mit dem Quadrat der Entfernung ab. So ist die Sonne vom Saturnmond Titan aus gesehen lediglich noch als Bällchen mit Stecknadelkopfgröße erkennbar. Da Saturn ungefähr den zehnfachen Abstand zur Sonne hat wie die Erde, bedeutet das, dass ihn lediglich ein Hundertstel der Strahlung, die die Erde pro Flächeneinheit von der Sonne empfängt, erreicht. Für die Kameras wiederum heißt dies, dass bei Aufnahmen die Belichtungszeit – also die Zeit, bei der der Verschluss offen ist – sehr lange sein muss. In dieser Zeit darf sich die Sonde relativ zum fotografierten Objekt nicht bewegen, ansonsten werden die Bilder verschwommen und unscharf. Die Kamera muss, solange belichtet wird, immer relativ in Ruhe zum Objekt sein, das gerade fotografiert werden soll.

Wer sich noch erinnert, wie Formel-1-Rennen früher aussahen, bevor es die Hochleistungskameras gab, weiß, was dieser Effekt bewirken kann. Man sah die Fahrzeuge nur halb, verwaschen oder kaum. Dieses haben mir zumindest sehende Formel-1-Fans so berichtet. Genauso wie heute Kameras an Seilbahnen auf der Rennstrecke mitgeführt werden und weitere in die Autos eingebaut sind, versucht man dieses bei Voyager durch das Nachführen der Kameras, zum Beispiel durch die Bewegung der Plattform, auszugleichen. Auch die Lageregelung wurde hier ausgetrickst. Ihr wurde eine nicht vorhandene Abweichung vorgespielt, ansonsten wären die Düsen nicht angesprungen.

Ein weiteres Problem bei der Verwendung der Kamera innerhalb unseres Sonnensystems war die unerwünschte Drehung der Sonde, die entstand, wenn das Aufzeichnungsgerät mit seinen Bandspulen eingeschaltet wurde. Hier musste man mit dem Düsenantrieb gegensteuern, damit die Sonde auch auf der Nachtseite der Planeten scharfe Bilder lieferte und sich nicht komplett zu drehen begann. Das ist so überraschend, weil man das aus dem Alltag kaum kennt. Mit zwei Beispielen möchte ich es dennoch verdeutlichen:

Meine Großmutter besaß eine elektrische Kaffeemühle, die man bei Betrieb in der Hand hielt. In dem Moment, in dem der Motor die Mühle andrehte, bemerkte man deutlich einen Ruck, der die Maschine in Gegenrichtung des Mahlwerks drehen wollte. Und hätten Hubschrauber keinen Heckrotor, mit dessen Hilfe sie sich quasi an der Luft abstützen können, würden sie sich, sobald sie in der Luft sind, in Gegenrichtung zum großen Rotor drehen und abstürzen.

Sie merken, ich liebe es, über derartige Dinge nachzudenken und Beispiele und Vergleiche aus dem Alltag zu finden.

Orientierung und Lagekontrolle

Aber nicht nur das Bandgerät gibt unerwünschte Impulse auf die Sonde. Der Strahlungsdruck des Sonnenlichtes und der aus geladenen Teilchen bestehende Sonnenwind blasen die Sonde mit der Zeit in unerwünschte Richtungen, auch wenn sie bereits sehr weit von der Sonne entfernt ist. Die Sonde kontrolliert sich und ihre Lage mittels eines Sensors, der zum einen auf die Sonne, zum anderen auf einen Referenzstern gerichtet ist. Somit lässt sich recht gut triangulieren, wie die Sonde liegt.

Diese Art der Orientierung, mit der Raumsonden ihre Lage und Flugrichtung kontrollieren, funktioniert mit sogenannten Star-Trackern. Das sind Sensoren, die in der Lage sind, Sternbilder zu erkennen. Auch blinde Menschen orientieren sich dann und wann mittels einer Art akustischem Star-Tracker: So ging ich früher häufig auf die Eisbahn zum Schlittschuhlaufen. Dieses Oval war nicht überdacht. Die Eisfläche wurde von einer etwa einen Meter hohen Bande umgeben, die ihrerseits mehrfach an den Ein- und Ausgängen unterbrochen war. Um nun genau zu wissen, wo ich mich ungefähr befand, orientierte ich mich immer daran, aus welcher Richtung die Musik zu hören war. Glücklicherweise gab es nur auf einer Seite der Eisbahn Lautsprecher. Dies war ganz wichtig, um die Ausgänge des Ovals zu finden. Der Lautsprecher war mein akustischer Stern, mit dessen Hilfe ich meine Position auf der Eisbahn ermitteln konnte. Mit ihm und dem Echo zur Bande war eine relativ genaue Dreiecksbestimmung der Position möglich.

Regelmäßig fahre ich mit einer Gruppe anderer blinder Menschen und einigen sehenden Begleitpersonen in Urlaub. Dort fahren wir häufig mit einem Boot auf einen See hinaus. Wir gehen dann im See baden. Um das Boot selbstständig wiederfinden zu können, stellen wir ein kleines Radio mit Musik auf. Somit haben wir eine Richtung, aber auch ein Gefühl für die Entfernung zum

Boot. Gemeinsam mit der Sonnenrichtung reichen die Koordinaten immer für eine zuverlässige Orientierung aus.

Kommunikation zwischen der Erde und der Sonde

Für mich als begeisterten Funker und als Informatiker sind auch die Probleme interessant, welche die Kommunikation über diese riesige Entfernung mit sich bringt. Da ist zunächst die Tatsache, dass wegen der großen Entfernung ein Funksignal mehr als eine Stunde benötigen kann, bis es an der Sonde ankommt.

Würde unsere Sonne jetzt mit einem Schlag erlöschen, bekämen wir dies erst in ungefähr acht Minuten mit.
So lange braucht das Licht bis zu uns. Ich erinnere mich, dass das Funksignal bei der Mission Cassini-Huygens (Start 1997) bis zum Saturn ca. eine Stunde unterwegs war (die Entfernung Saturn – Sonne beträgt ca. das 9,5 fache der Entfernung Erde – Sonne und Funkwellen breiten sich mit Lichtgeschwindigkeit aus). Genau so lange dauert es natürlich noch einmal, bis wir erfahren, ob unser Signal richtig von der Sonde verstanden und umgesetzt wird.

Wie irritierend ist es heute, wenn man über das Internet oder eine schwache Mobilfunk-Verbindung telefoniert. Schon kleinste Sprachverzögerungen bzw. Paketverluste, die zu fehlenden Sprachfetzen führen, stören die Qualität des Gesprächs derart, dass die Kommunikation sehr anstrengend sein kann. Auch die störenden Verzögerungen eines Interviews, das über Satellit geführt wird, sind ein Beispiel für dieses Problem, wobei die Verzögerung in diesem Fall eher auf Reaktionszeiten der Elektronik zurückzuführen ist.

Ein weiterer Effekt, den man im Alltag erleben kann, ist der Dopplereffekt bei vorbeifahrenden Krankenwagen mit Sirene. Dieser schlägt bei derart großen Entfernungen und Geschwindigkeiten gewaltig zu.
Hat man einen Sender einer bestimmten Frequenz und einen dazu passenden Empfänger, dann würde auf diese Entfernung hin keine Kommunikation mehr möglich sein, da die Wellen durch die Dopplerverschiebung derart in die Länge gezogen würden, dass der Empfänger die ankommenden Wellen als „viel zu tief“ empfinden würde und diese nicht wahrnehmen könnte.

Genau dieser Effekt hätte beinahe die Funkverbindung mit der Sonde Cassini-Huygens unmöglich gemacht.

Hier musste der Dopplereffekt durch eine Änderung der Flugbahn und Bewegungsrichtung ausgeglichen und kompensiert werden. Das hat mich unglaublich fasziniert und ist auch für Blinde äußerst anschaulich.

Schon als Kind, aber natürlich im Studium der Informatik selbst, befasste ich mich mit Verschlüsselungen und Codes. Bei Voyager musste man zwei Dinge beachten: Der Code musste platzsparend sein, um die Datenmenge gering zu halten. Zum anderen gab es aber auf eine derartige Distanz so viel Rauschen und so viele Fehler, dass quasi falsch verstandene Wörter wieder rekonstruiert werden mussten. Ich erspare Ihnen und mir jetzt die Details, wie man dies bewältigt. Spannend ist es aber in jedem Fall.

Wie rasch gehen auch unter uns Menschen Informationen verloren, beispielsweise wenn wir „Stille Post" spielen. An die berühmte Gerüchteküche möchte ich gar nicht denken. Verstümmelte Informationen in dem Sinne, wie sie über Funk entstehen können, werden zwischen uns Menschen als denkenden Individuen nicht ausgetauscht, da wir stets versuchen, in dem, was ankommt, noch hypothetisch einen Sinn zu erkennen. Somit entscheiden wir uns häufig für vielleicht ähnlich klingende Wörter, deren Bedeutung aber möglicherweise eine komplett andere ist. Im einfachsten Fall vermeidet man Fehler bei einem aus Datenbits bestehenden Code, indem man die Datenbits mehrmals wiederholt. Gehen auf dem Weg Daten verloren, können die fehlenden Bits anhand der Wiederholung ergänzt werden. Nachrichtentechnik und Informatik halten noch viele andere Verfahren zur Fehlerkorrektur bereit.

Um die Datenmenge und damit auch den Energieverbrauch der Sonde möglichst gering zu halten, bietet sich Datenkompression an. Das kennen wir alle aus dem Alltag in Form von MP3-Dateien für Musik oder auch JPEG-Dateien für Bilder. Die Datenmenge bei Bildern wird beispielsweise reduziert, indem man nicht jeden Bildpunkt speichert bzw. sendet. Dabei macht man sich den Umstand zu Nutze, dass sich Helligkeit und Farbe eines Bildpunktes in unmittelbarer Nachbarschaft nicht wesentlich ändern. Gesendet wird der Punkt dann, wenn ein gewisser Schwellenwert des Unterschiedes überschritten wird.

Was dies für die Auflösung bedeutet, wissen Menschen mit Blindheit genau. Versucht man mit einer klassischen Schreibmaschine für Blindenschrift eine Grafik zu erzeugen, stößt man sehr rasch an Grenzen. Eine Linie ist gepunktet und nicht durchgängig, ein Kreis hat kleine Ecken, eine Gerade hat Stufen oder gebogene Linien. So ist die Darstellung einer Parabel gar nicht möglich. Mir ist in diesem Zusammenhang wichtig, dass Sie erkennen, wie erfüllend es auch für Menschen ohne Sehvermögen sein kann, sich mit derlei Dingen zu beschäftigen.

Ergebnisse der Mission

Auf der Voyager-Mission gewann man detaillierte Messdaten über die Struktur der Uranus-Atmosphäre, beispielsweise über Temperatur und chemische Zusammensetzung. Unerwartet stellte man fest, dass die Temperatur an den Polen und am Äquator nahezu gleich ist. Während der Bedeckung gelang eine Aufnahme des von der Rückseite her beleuchteten Ringsystems des Saturns mit 96 Sekunden Belichtungszeit; sie offenbart eine komplizierte Staub-Verteilung. Die Magnetometer an Bord der Sonde enthüllten eine weitere Merkwürdigkeit: Das Magnetfeld des Uranus ist um 60 Grad gegen die Rotationsachse geneigt. Daher „taumelt" das gesamte Magnetfeld, während Uranus sich mit einer Periode von

17,25 Stundenum sich selbst dreht. Auch dieses Wissen stammt von jener Mission. Mit Fug und Recht darf man diese Mission zu den erfolgreichsten der Menschheit zählen.

Giotto am 14. März 1986

Glücklicherweise war am nächsten Tag schulfrei, sonst hätte ich im Fernsehen nicht erleben dürfen, wie die Raumsonde Giotto durch den Kometenschweif des Halleyschen Kometen flog. Hier waren sogar die auftreffenden Partikel zu hören, denn die Sonde hatte einen Sensor dafür hinter ihrem Schutzschild. Bedauerlicherweise erblindete die Kamera leider recht früh, weil ein Partikel den Schutzschild durchschlug. Nichtsdestotrotz gibt es Bilder des Kometenkerns, der Koma und seines Schweifes. Diese Mission war eine Glanzleistung der Europäischen Weltraumorganisation (ESA). Hätte sie nicht funktioniert, böte sich erst wieder das Jahr 2061 an, da der Komet nur alle 76 Jahre erscheint. Sein Auftauchen war durchaus nicht immer willkommen. Im Jahre 1910 fand man mittels Spektralanalyse des Schweifes Blausäure darin. Panikmacher dachten, jetzt würden alle eines Todes durch Blausäure sterben, wenn die Erde durch den Schweif fliegt.

Ein Englischer König wurde gekrönt, als der Komet gut sichtbar am Himmel stand. Es war kein gutes Omen für ihn, denn er verstarb noch im selben Jahr.

Der Fernsehsprecher erklärte sehr ausführlich, wie ein Komet aussieht, in welche Richtung sein Schweif zeigt und dass der Sonnenwind den Kometenschweif stets von der Sonne weg wehen lässt. Bis dahin wusste ich gar nicht, dass es einen Sonnenwind aus geladenen Teilchen gibt. Dieses Wissen hat mich damals sehr bereichert: der Schweif, der einer Fahne gleich im Sonnenwind weht.

Für jemanden, der einen Kometen zeichnet, ist das selbstverständlich, weil man ihn immer so sieht. Für einen Menschen mit Blindheit ist das keinesfalls selbstverständlich: Beschreibt oder zeigt man ihm das nicht, wird er es nie erfahren. Es ist ein schönes Gefühl, an den Sonnenwind zu denken. Die Vorstellung passt gut zur Wärme, die wir von ihr empfangen. Aber auch hier wieder das schon bekannte Bild: Da war ich quasi ein Einser-Schüler und wusste dennoch mit meinen 17 Jahren nicht, wie ein Komet aussieht.

Die Sonnenfinsternis vom 11. August 1999

Nicht jedem ist das Glück beschieden, direkt vor seiner Haustüre eine Sonnenfinsternis erleben zu können. In manchen Kulturen und zu anderen Zeiten waren sie eher Symbole des Unglückes und des Schicksals. Ein Krieg zwischen den beiden Völkern der Meder und Lüder wurde durch die Sonnenfinsternis vom 28. Mai 585 v.Chr. angeblich beendet, und zwar aus Angst, die Götter zürnten ihnen, da die Sonnenfinsternis direkt in das Kampfgetümmel fiel.

Auch in der Bibel liest man Geschichten über Verdunkelungen des Himmels am Tage, die auf Sonnen- oder Mondfinsternisse zurückgehen könnten, z. B. bei den Propheten.

Auf jeden Fall waren wir alle schon Monate vorher aufgeregt, wie das wohl sein würde. Ich machte mir umfangreich Gedanken, ob ich als Mensch mit Blindheit überhaupt etwas davon mitbekommen würde. So las ich im Vorfeld viel darüber, wie eine derartige Finsternis funktioniert, was alles innerhalb der kurzen Verfinsterung entdeckt worden war und wie viele Strapazen etliche Astronomen in der Vergangenheit auf sich genommen hatten, um eine Sonnenfinsternis zu erleben. Diese reichten bis hin zu sehr gefährlichen Seereisen auf Segelschiffen.

Im ersten Schritt musste ich mir zunächst darüber klar werden, wie eine solche Finsternis überhaupt zustande kommt. Für Blinde ist es gar nicht so einfach, sich vorzustellen, wie die Verdunkelung durch den im Verhältnis zur Erde viel kleineren Mond und noch dazu durch dessen Abstand zur Erde, der ihn noch kleiner werden lässt, grundsätzlich funktioniert.

Man muss erst einmal lernen, sich diesen Kegelschatten vorzustellen. Fast einer Meditation gleich dachte ich im Vorfeld immer wieder darüber nach und fand schließlich zu meinem Bild und meiner Vorstellung. Heutzutage stehen mir taktile Grafiken von Sonnenfinsternissen zur Verfügung, und daher weiß ich, dass meine Vorstellungen richtig waren. Der nächste Schritt war aber noch deutlich schwieriger.

Die Geschwindigkeit, mit der der Kernschatten durch die Drehung der Erde über die Erdoberfläche rast, ist imposant. Wo der Schatten auf die Erde trifft, hängt im Wesentlichen davon ab, wo wir uns gerade im Jahreslauf befinden. Je nach Jahreszeit unterscheidet sich unsere Sicht auf die Sonne erheblich. So zeigt im Sommer das nördliche Ende der Erdachse, also der Nordpol, in Richtung Sonne, im Winter das südliche Ende der Erdachse, also der Südpol. Stehen wir mit unserer Erdachse anders zur Sonnenrichtung als im Sommer oder Winter, ergeben sich weitere Zwischenpositionen der Erdachse, die sogenannten Frühlings- und Herbstpunkte. Diese zusätzliche Bewegung der Erdachse und die daraus resultierend sich verändernde Perspektive ist, wie ich mittlerweile weiß, auch für sehende Menschen nicht leicht zu erfassen.

Nicht zuletzt ist es eine Tatsache, dass Sonnenfinsternisse nur bei Neumond und niemals bei Vollmond stattfinden können. Aber nicht jeder Neumond führt zu einer Sonnenfinsternis und nicht jeder Vollmond zu einer Mondfinsternis. Das ist nicht einfach zu verstehen. Dies hat damit zu tun, dass sich die Mondbahn zeitweise etwa fünf Grad oberhalb oder auch unterhalb der Bahnebene der Planeten befindet. Ich benötigte lange, um mir die aus dieser Tatsache entstehenden Lichtverhältnisse und Stellungen von Sonne, Erde und Mond vorzustellen.Die Vorstellung davon musste ich mir mühsam erarbeiten, denn es standen mir zu dieser Zeit keine taktilen

Materialien oder Modelle zur Verfügung. Und, wie gesagt, verstehen auch sehr viele sehende Menschen diese Vorgänge nicht. Ihnen reicht es, wenn sie es einfach sehen und erleben dürfen. Und das ist vollkommen in Ordnung so. Durch diese gekippte Mondbahn entstehen auch Situationen, bei denen der Mond lediglich einen Teil der Sonnenscheibe abdecken kann: Er beißt ein Stück von ihr ab. Das sind dann partielle Sonnenfinsternisse.

Da sich sowohl die Erde auf einer elliptischen Bahn um die Sonne, als auch der Mond sich in elliptischer Weise um die Erde bewegt, gibt es neben totalen Finsternissen auch ringförmige. Ist der Mond zum Zeitpunkt einer Finsternis erdnah und die Sonne erdfern, so bewirken die Größenverhältnisse, dass die Finsternis total sein kann.

Der Mond ist aufgrund seiner Erdnähe und seiner daraus resultierend größer erscheinenden Mondscheibe in der Lage, die komplette Sonnenscheibe abzudecken. Im umgekehrten Fall (entfernter, kleiner erscheinender Mond und größer wirkende, erdnahe Sonne) vermag der Schatten des Mondes lediglich ein rundes Loch in ihr zu erzeugen, ein heller Rand bleibt unverdeckt: Eine ringförmige Finsternis findet statt.

Folgendes fand ich gleichwohl sehr verblüffend: Betrachtet man die Sonne durch ein Fraunhofer-Gitter oder ein Prisma, sieht man ihr Licht in sein Farbspektrum (Regenbogen-Farben) aufgefächert. Hierbei werden die charakteristischen Spektrallinien der chemischen Elemente, welche in der Sonne enthalten sind, gut sichtbar. Mich faszinierte und beeindruckte sehr, dass man in der Corona der verdeckten Sonne gerade die gestreuten Absorptionslinien invertiert wiederfindet. Jedes chemische Element verschluckt ihm charakteristische Teile bestimmter Wellenlängen aus dem Kontinuum des weißen Lichtspektrums, das alle Regenbogenfarben enthält. Dadurch entstehen Streifen, die die Anwesenheit eines jeden chemischen Elementes verraten. Das „verschluckte" Licht wird am Rand der Sonnenscheibe reflektiert und dadurch bei totaler Verdeckung wieder als helle Streifen sichtbar. Diese Umkehrung erfolgt mit einem Schlag bei Eintritt der totalen Verdeckung.

Die verfinsterte Sonne mit ihrer dadurch sichtbar werdenden Korona stellte ich mir wie ein Spiegelei vor: In der Mitte ist das quasi runde Eigelb, der Schatten des die Sonne verdeckenden Mondes, das während der Finsternis schwarz ist. Außen herum zeigt sich das ausgefranst verlaufene Eiweiß, die Korona.

Es war mir wichtig, wie alle anderen eine Finsternisbrille zu besitzen, da ich mich durch ihren Gebrauch den sehenden Beobachtern näher fühlte. Außerdem war ich mir nicht sicher, ob selbst in meinen Augen schmerzhafte Schäden durch den Verzicht entstehen könnten. Diese bewahre ich bis heute auf und konnte sie am 20. März 2015 bei der partiellen Sonnenfinsternis über ganze Deutschland wieder einsetzen.

Aber lassen Sie mich an dieser Stelle erneut einen meiner größten Wegbereiter würdigen: Eine große Hilfe im Verständnis einer Sonnenfinsternis waren für mich zwei Bücher von Rudolf Kippenhahn: „Der Stern, von dem wir leben – den Geheimnissen der Sonne auf der Spur" und „Schwarze Sonne, Roter Mond". Seine Bildbeschreibungen sind so, als wären sie ganz speziell für blinde Menschen eingefügt worden: klar, verständlich und präzise.

Als nun endlich der Tag nahte, war die Enttäuschung zunächst groß. Der August war relativ verregnet, sodass nicht klar war, ob wir mehr als eine kurze Finsternis erleben würden. Somit beschloss ich, in jedem Falle die Zeit der Finsternis im Schlosspark von Karlsruhe zu verbringen, denn ich wollte die Stimmung der Menschen einfangen.

Weil mein Sehrest zu diesem Zeitpunkt nicht mehr unbedingt zum reellen Erleben der Finsternis ausreichte, nahm ich einen Lichtdetektor mit. Dieses Gerät verwenden blinde Menschen, um in ihrer Wohnung zu erkennen, ob die Lampen aus sind, zum Beispiel wenn sehende Besucher da waren. Je höher das Gerät piepst, desto mehr Licht ist vorhanden.

Außerdem stattete ich mich mit einem mobilen Funkgerät aus. Mit diesem stand ich mit anderen Menschen in Verbindung, die an anderen Orten die Finsternis betrachten und erleben wollten.

So standen wir und warteten. Das Gefühl war weit stärker als bei einem Jahreswechsel. Und plötzlich ging ein großer Freudenschrei durch die Menge. Der Himmel meinte es gut mit uns. Ungefähr drei Minuten vor der totalen Bedeckung und damit vor der maximalen Finsternis riss die Wolkendecke auf und der Blick auf die Sonne war frei. Sogar ihre wärmenden Strahlen empfing ich noch.

Ich schaltete den Lichtdetektor ein. Dann geschah es: Während die Leute standen und staunten, wurde der Ton des Gerätes langsam tiefer. Die Verdeckung begann. Während der ungefähr zweiminütigen totalen Finsternis blieb jedes Signal aus, als wäre es völlig Nacht. Das Leuchten der Korona war zu schwach für den Sensor des Lichtdetektors. Dies war für mich die akustische Orientierung. Plötzlich hatte auch ich das Gefühl, von Nachtluft umweht zu werden. Das mag allerdings auch durch das intensive Erlebnis gekommen sein. Besonders warm war der Tag auch vor der Finsternis nicht.

Auf jeden Fall war meine Freude, diese totale Sonnenfinsternis erlebt zu haben, unbeschreiblich groß. Ich fühlte mich in diesem Moment stark mit jenen verbunden, die fast ihr Leben dafür ließen, um etwas Derartiges nicht zu verpassen.
Oft stelle ich mir seither aus purer Freude heraus die Finsternis, die Korona, die Protuberanzen und auch die Magnetfeldlinien, die weit in den Weltraum hineinragen, vor. Dazu denke ich dann häufig an das brodelnde Geräusch, das auf der Sonnenoberfläche zu hören sein muss, da die Oberfläche ähnlich wie ein Teekessel kocht. Somit war auch dieses Erlebnis ein Stück meines Weges zur Astronomie.

Cassini-Huygens

Cassini-Huygens ist der Name einer Mission zweier Raumsonden zur Erforschung des Planeten Saturn und seiner Monde. Bei Cassini handelt es sich um einen Orbiter, der im Auftrag der NASA vom Jet Propulsion Laboratory gebaut wurde, um den Saturn, seine Ringe und Monde von einer Umlaufbahn um den Planeten aus zu untersuchen.

Huygens (konstruiert von Aérospatiale im Auftrag der ESA) wurde als Lander konzipiert, um von Cassini abgekoppelt auf dem Mond Titan zu landen und diesen mittels direkter Messungen in der Atmosphäre und auf der Oberfläche zu erforschen, was aufgrund der dichten und schwer zu durchdringenden Atmosphäre des Mondes nicht von einer Umlaufbahn aus möglich ist.

An der Mission ist auch die italienische Raumfahrtagentur ASI beteiligt. Die beiden aneinander gekoppelten Sonden wurden am 15. Oktober 1997 vom Launch Complex 40 auf Cape Canaveral mit einer Titan-IVB-Rakete gestartet. Am 1. Juli 2004 schwenkte Cassini in die Umlaufbahn um den Saturn ein, und am 14. Januar 2005 landete Huygens drei Wochen nach der Trennung von Cassini auf Titan und sandte 72 Minuten lang Daten, die das Verständnis über den Mond deutlich verbesserten.

Auch der Cassini-Orbiter hat mit seiner umfangreichen Ausstattung an wissenschaftlichen Instrumenten viele neue, teils revolutionäre Erkenntnisse in Bezug auf Saturn und seine Monde geliefert. Die Mission wurde daher mehrfach verlängert, aktuell ist ihr Ende für 2017 angedacht. Nach Beendigung der Mission ist geplant, Cassini kontrolliert in den Saturn stürzen zu lassen.

Das DLR gibt gemeinsam mit der ESA einen deutschsprachigen Podcast zu Astronomie und Raumfahrt heraus. In Folge 30 dieses Podcasts („Raumzeit" von Tim Pritloge) wird über diese Mission ausführlich gesprochen. Im Rahmen dieser Folge wird auch das Geräusch abgespielt, das der Lander Huygens erzeugt, als er durch die dicke Atmosphäre des Saturnmondes Titan absteigt. Er hatte ein Mikrofon an Bord, weil man sich erhoffte, eventuell Gewittertätigkeit zu hören. Dieser Fahrtwind ist definitiv ein Wind, der nicht von der Erde kommt.
Es klingt so unwirklich und verblüffend. Dieses Geräusch ist eines der wertvollsten Weltraumgeräusche in meiner Sammlung. Oft wird der Saturnmond Titan mit der Erde verglichen. Die Rolle des Wassers übernimmt dort

flüssiges Methan. Es gibt Flüsse, Seen und auch sonst so einiges, das auf der Erde durch fließendes Wasser entstand. Für Leben ist es aber leider zu kalt auf Titan.

Kometenjahr 2013

Das Jahr 2013, in welchem die wesentlichen Teile dieses Buches entstanden, erwies sich als das Kometenjahr schlechthin.

Im Frühjahr 2013 sorgten vor allem die Kometen Panstarrs und Lemmon für herausragende Himmelsanblicke.
In der zweiten Jahreshälfte ließ dann Ison viele Herzen höherschlagen. Er kam vom äußersten Rand unseres Sonnensystems. Rund 4,6 Milliarden Jahre hatte er laut Max-Planck-Institut für Sonnensystemforschung (MPS) auf dem Buckel.

In Isons Schatten stand ein weiterer Komet, der Schweifstern Lovejoy. Obwohl er stets besser am Himmel zu sehen war als Ison es je gewesen war, machte Ison mehr von sich reden, da er sich der Sonne so stark annäherte, dass die Astronomen mit Spannung erwarteten, was mit ihm durch die starke Erwärmung geschehen würde. Entweder würde er sich zu einem großartigen Spektakel entwickeln, oder er würde aufgrund der hohen Temperatur zerbrechen und sich auflösen.

Mit einem wachsenden Tempo von 400 Kilometern pro Sekunde raste Ison auf die Sonne zu. Am sonnennächsten Punkt, in einem Abstand von nur einer Million Kilometern – der Abstand zwischen Erde und Sonne beträgt ungefähr 149 Millionen Kilometer – und bei Temperaturen von über 1500 Grad Celsius zerbrach er schließlich am 28. November 2013 und löste sich auf. Das erhoffte Mega-Spektakel am Himmel blieb aus.

Doch der nächste Komet war schon im Anflug. Der Schweifstern Linear entwickelte sich vielversprechend. Anfang 2014 erreichte er seine volle Leuchtkraft. Morgens konnte man ihn im Dezember am Ost-Nordost-Himmel erspähen, am Abend am West-Nordwest-Himmel – bei optimalen Sichtverhältnissen auch ohne Hilfsmittel.
In diesem Zusammenhang dürfen wir auch sehr gespannt auf die Auswertung der Ergebnisse der Mission Rosetta sein. Diese Sonde flog zum Kometen Namens 67P/Tschurjumow-Gerasimenko und setzte dort am 12. November 2014 den Lander Philae ab. Da der Komet

selbst wenig Gravitation auf den Lander ausüben kann, sollte dieser mittels eines Antriebes solange auf den Schweifstern gedrückt werden, bis er sich mit Bohrern, die in den Landebeinen installiert sind, auf dem Kometen selbst fixiert hatte. Dieser Antrieb versagte jedoch, weshalb Philae jetzt an einem Ort mit zu wenig Sonneneinstrahlung für die Stromversorgung steht. Spannend war hierbei auch, dass niemand so recht wusste, wie die Oberfläche eines Kometen beschaffen ist. Ist sie hart wie Eis, weich wie Schnee, karstig oder sonst wie beschaffen? 67P scheint aus einem sehr porösen Material zu bestehen.

Die Namensgebung „Rosetta" geht auf den „Stein von Rosette" zurück, ein „Meilenstein" bei der Entzifferung der altägyptischen Schriften. Auch im Gebäude unserer Vorstellung über die Entstehung der Welt wird Rosetta sicher einige Hinweise und Ergebnisse liefern, z. B. könnte sich die Frage klären: Wie kam das viele Wasser auf die Erde?

Schulzeit und Studium

Wie im Kapitel „Mein Forschergeist wird geweckt" schon anklang, fachten die Fragestunden unseres Mathematiklehrers in der Grundschule bereits meine Neugier zu Astronomie und Weltraum an. Auch im Laufe meines späteren Werdegangs wurden in meiner Schulzeit weitere Weichen so gestellt, dass ich zur Astronomie fand. Auch vor dem Hintergrund, dass weiter hinten im Buch Schule, Unterricht, Lernen, Lehre und Inklusion noch eine große Rolle spielen werden, entrolle ich in diesem autobiografischen Kapitel, welchen Einfluss meine Schulzeit auf meinem Weg zur Astronomie hatte.

Zwischen Ganzheitlichkeit und Kontemplation

In meiner Schulzeit habe ich leider viel zu wenig über Astronomie erfahren. Auch für damit verbundene transzendente Fragen, wie diejenige, womit alles begann, wo wir herkommen etc. wurde lediglich im Fach Religion unser Interesse geweckt. Meiner Meinung nach blieb hier eine ganz wertvolle pädagogische Chance ungenutzt. Durch den interdisziplinären Charakter der Astronomie könnte das Interesse vor allem bei Kindern und Jugendlichen für sehr viele Disziplinen geweckt werden. Außerdem kann anhand von Astronomie und den damit verbundenen Themen in hohem Maße ganzheitliches Denken geschult und gefördert werden.

Ein Land, das über Fachkräftemangel in technischen Berufen klagt, sollte vielleicht die Astronomie nicht nur als Wahlthema des gymnasialen Physikunterrichtes in Sekundarstufe II anbieten. Nebenbei bemerkt beginnt Astronomie für mich nicht erst in Sekundarstufe II.

Und ganz unabhängig davon: Wie entspannend und ausgleichend könnte es für unsere medial überreizten Kinder sein, sich einfach im Rahmen einer Freizeit zu Astronomie auf eine Wiese zu legen, um sich den Sternenhimmel anzusehen. Zeigt man diesen Kindern danach noch die Sterne zum Beispiel mittels einer App auf dem Smartphone, fänden sie es sicherlich „echt geil". Derartige Erfahrungen durfte ich schon mehrfach machen. Langweilig ist es in keinem Falle. „Action" ist genug geboten. Über viele Sternbilder oder Sterne lassen sich spannende Geschichten erzählen, wie etwa die des Perseus mit dem Medusenkopf. Solche Erzählungen fördern Kontemplation und Aufmerksamkeit.
Das ist es, was heute vielen Kindern und Jugendlichen

fehlt. Heutzutage spricht man dann von ADHS - was nicht heißen soll, dass ich an der Existenz dieser Verhaltensauffälligkeit zweifle.

Hauptschule

Bis auf wenige Grundlagen und die wunderbaren Fragestunden des Mathematiklehrers habe ich im Unterricht bis zu meinem Hauptschulabschluss so gut wie nichts über Astronomie erfahren. Die Grundlagen waren zunächst sehr dürftig. Wir erfuhren vielleicht mal, wie die Jahreszeiten entstehen und wie die Planeten heißen, mehr aber nicht.

Es ist noch nicht lange her, da führte ich einen kleinen Test hierzu durch. Ich stellte Personen verschiedener Schichten,

unterschiedlichen Alters und Bildungsgrades einfach einmal die Frage, wie denn eigentlich unsere Jahreszeiten entstünden. Außer denjenigen, die später sowieso etwas Naturwissenschaftliches studierten, wussten es erstaunlich wenige. Von den blinden Personen so gut wie niemand.

Ich finde es sehr bedauerlich, dass so viele Menschen

nicht wissen, wie unser Jahreslauf entsteht. Ein gutes Umweltbewusstsein kann sich viel besser entwickeln, wenn ich ungefähr weiß, wie die Umwelt funktioniert. Dann kann ich mir etwas darunter vorstellen und Worte wie Klimaschutz etc. sind nicht nur leere Worthülsen. Zu meiner Schulzeit enthielt man leider gewisse Themen blinden Menschen vor. So wurde beispielsweise das Thema Optik im Hauptschulunterricht ausgespart, weil es mit Licht zu tun hat, das viele von uns sowieso nicht sahen. Glücklicherweise durfte ich im Rahmen meines Studiums das Thema Optik nachholen. Ich war verblüfft, wie einfach und anschaulich diese Materie für mich war, obwohl es um etwas geht, das ich nicht sehen kann.

Ansonsten würde ich den naturwissenschaftlichen Unterricht in Physik und Chemie, den ich genossen habe, als recht gut bezeichnen. Zumindest hatte ich beim Schulwechsel keine Anschlussprobleme.

Mittlere Reife

Ursprünglich war geplant, dass ich 1986 nach meinem Hauptschulabschluss eine Ausbildung zum Programmierer antreten sollte. Damit wäre ich in der

Tradition unserer Familie geblieben, in der alle Geschwister möglichst schnell versuchten, nach der Schule Geld zu verdienen. An den Besuch weiterführender Schulen oder gar einer Universität dachte keiner von uns. Es ergab sich aber, dass ich drei Jahre lang auf einen Ausbildungsplatz hätte warten müssen. Um diese Wartezeit zu überbrücken, entschied ich mich, meine Mittlere Reife an der dreijährigen Wirtschaftsschule einer anderen Blindeneinrichtung nachzuholen. Dort stellten sich aber die Weichen derart, dass ich mich mit Haut und Haar der Wissenschaft verschrieb.

Ausschlaggebend hierfür war der naturwissenschaftliche Unterricht in Physik und Chemie, den ich dort besuchte. Er wurde von einer Anthroposophin gegeben, die ich bis heute für die beste Blindenpädagogin in meinem Leben halte. Die Versuche und Experimente durften wir alle selbst durchführen. Der Umgang mit Säuren, Laugen, Bunsenbrenner und Elektrizität war nie ein Tabu, nur weil wir nicht sehen konnten. Die Versuche wurden so adaptiert, dass wir in der Lage waren, selbst zu den gewünschten Ergebnissen zu gelangen. Hierbei halfen oft ganz einfache Tricks, denn es gab noch keine sprechenden Messgeräte.

Bildete sich beispielsweise bei einem chemischen Versuch ein Niederschlag im Filter, wiesen wir ihn nach, indem wir das Substrat in eine alte Blechdose tropfen ließen.
So konnten wir die einzelnen Tropfen gut auf dem Blech aufschlagen hören und merkten genau, dass der Filter sich zusetzte, wenn die Tropfgeschwindigkeit abnahm.
Bald schon wurde ich davon gepackt und brachte mich aktiv in den Unterricht ein, indem ich Möglichkeiten entwickelte, Versuche für Blinde zugänglicher zu machen.
Außerdem durfte ich mich an der Entwicklung einer Tafel beteiligen, mit deren Hilfe es Blinden möglich wurde, chemische Formeln mittels spezieller Formelbausteine zu legen.

Überhaupt war dieser Unterricht weit mehr als nur Physik und Chemie. Er eröffnete uns eine ganzheitliche Sicht auf die Welt. Diese Stunden waren gespickt mit Bezügen zu Philosophie, Religion und auch mit geschichtlichen Hintergründen.

Schlüsselerlebnis

Bald schon merkte diese Lehrerin, dass ich für diese ganzheitliche Weltsicht sehr empfänglich war. Somit durfte ich oft mit ihr naturwissenschaftliche Vorträge in Stuttgart besuchen. Ganz eindrücklich in Erinnerung ist mir ein Vortrag über die Sonne von Rudolf Kippenhahn geblieben. Bis dahin wusste ich zwar, dass in der Sonne Wasserstoff zu Helium verbacken wird und darüber hinaus weitere schwerere Elemente entstehen, aber von Sonnenflecken, der Korona, den magnetischen Stürmen und Flares, wusste ich noch nichts.

Zur Erklärung: Flares sind riesige Explosionen auf der Sonnenoberfläche, bei welchen große Mengen an Teilchen in den Weltraum geschleudert werden können. Erreicht ein solcher Teilchenausbruch die Erde, so entstehen Nordlichter und magnetische Stürme.

Im Anschluss an den Vortrag fand eine Ausstellung statt, auf der unter anderem eine Weltraumkamera und vor allem ein recht großer Meteorit ausgestellt waren, den ich dann - von Prof. Kippenhahn ausdrücklich erwünscht! - anfassen durfte. Von diesem Moment an gab es für mich kein Halten mehr. An diesem Tag - es muss im Jahr 1988 oder 1989 gewesen sein - bin ich in meinem Herzen Astronom geworden.

Visualisierung und Sonifizierung

Einmal entstand durch geschickte Sonneneinstrahlung ein Regenbogenspektrum auf dem Labortisch. Die Lehrerin erklärte uns den Regenbogen so intensiv, dass ich sein Aussehen auch ohne Sehvermögen verstand. Dieses damals entstandene Bild hilft mir bis heute, wenn es darum geht, Spektren von Sternenlicht, Rot- oder Blauverschiebungen oder auch Absorptionslinien zu verstehen. Ich kann mir mit Hilfe dieses Bildes und dieser Abstraktion beispielsweise die Granulen auf der Sonne vorstellen. Hierbei handelt es sich um dunkel umrandete Bereiche auf der Oberfläche von Sternen, die bis zu 1000 km im Durchmesser groß sind und von weitem betrachtet eine körnige Struktur darstellen. Beobachtet man die Sonne im Licht einer bestimmten Wellenlänge, indem man das weitere Spektrum ausfiltert, treten diese Umrandungen Wabenartig hervor.

Es ist nicht wichtig, sich den ganzen Stern vorzustellen. Eine Scheibe mit Wabenstruktur genügt hier völlig.
Ein Fußball aus Leder ist eine gute haptische Abstraktion auf die Kugelform. Berücksichtigt man noch, dass die Sonne aufgrund ihrer großen Entfernung von der Erde am Himmel als recht kleine Scheibe erscheint, kann

die taktile Vorstellung noch verfeinert werden, indem man sich eher eine Orange mit ihrer rauen, etwas körnigen Oberfläche vorstellt.

Durch intensives Training meiner Vorstellungskraft kann ich mir mittlerweile auch kompliziertere Sachverhalte vorstellen und diese verstehen, wie etwa die Tatsache, dass die Sonnenscheibe durch die Perspektive der Draufsicht auf eine Kugel verzerrt wird. Somit hat bei mir die Astronomie zur Verbesserung meiner grafischen Vorstellungskraft beigetragen.

An dieser Stelle möchte ich darauf hinweisen, dass sich auch eine sehende Person selten einen Sachverhalt als Ganzes vorstellen kann, zum Beispiel einen kompletten Stern mit seiner Granulation, seiner Korona und seinen weiteren Eigenschaften. Ein Graph einer mathematischen Funktion kann auch von Menschen mit Sehvermögen höchstens annähernd abstrahiert werden. Auch sehende Mathematiker müssen die Funktion diskutieren, differenzieren oder integrieren, wenn sie Genaueres – wie Nullstellen, Wendepunkte oder die Steigung – darüber wissen wollen. Somit ist es oft gar nicht so viel, das uns blinden Menschen fehlt. An dieser Stelle wird Sehen oft deutlich überschätzt. Das soll nicht heißen, dass gut aufbereitetes, veranschaulichendes, taktiles grafisches Unterrichtsmaterial, für Blinde unnötig wäre. Es trägt wesentlich zum Verständnis bei.

Viele dieser sehr visuell anmutenden Beispiele lassen sich auch akustisch erleben. Die Sonne sendet ein sehr spannendes Radioprogramm aus. Ihre Schwingungen, deren Periode zum Teil sehr langsam ist, kann man hörbar machen, indem man die Sonne im Zeitraffer betrachtet.

So machen es auch Geologen, wenn sie seismografische Daten verklanglichen. Im Bereich der Sonifizierung sind hier viele spannende Ansätze durchgeführt worden.

Philosophie

Zur etwa gleichen Zeit, in der ich mich für Astronomie zu interessieren begann, fing ich an, mich auch für Philosophie zu begeistern. Zunächst natürlich wegen meiner Neigung zur Friedensbewegung für Marx, Engels, Hegel und Feuerbach.

Blindenschriftbücher sind sehr dicke, sperrige und riesige Folianten. Hatte man niemanden, der einem diese mit einem Fahrzeug von der Post abholte oder dorthin zurückbrachte, war es eine mächtige Schlepperei. Auf jeden Fall waren sie alles andere als mobil, weshalb für mich Bücher als Zugang zum Wissen zu dieser Zeit schwer nutzbar waren. Zum Glück standen bereits viele Hörbücher zur Verfügung. Welch ein Segen war hierfür die Erfindung der mobilen Abspielgeräte wie zum Beispiel die des Walkmans.

Auch Rudolf Steiner prägte bald meine Weltanschauung, zumindest in religiösen Dingen. Des Weiteren las ich etliche Biografien verstorbener Wissenschaftler. Viele Debatten darüber, wie etwas funktioniert, lesen sich aus meiner Sicht spannender und packender als ein guter Kriminalroman.

Die Diskussion darüber, ob die Sonne eine eher heiße Atmosphäre und einen kalten Kern, oder umgekehrt: eine kalte Atmosphäre und einen heißen Kern besitzt, ergriff Anwälte, Wissenschaftler und Philosophen gleichermaßen. Ob das Sonnenfeuer ein chemischer Brand sei oder dem aus der Masse der Sonne herrührenden, von Helmholz gefundenen Gravitationseffekt entstammt, wurde lange und heftig diskutiert. Heute sind wir schlauer und wissen, dass es die Verschmelzung von Wasserstoff zu Helium ist.

Ein Wegbegleiter und Wegbereiter wurde mir Saint Exupery mit Büchern wie „Wind, Sand und Sterne“, „Nachtflug“ oder „Der kleine Prinz“. Seine Art zu beschreiben geht für mich an den Augen vorbei direkt in die Seele.

Hier ein Auszug aus
„Wind, Sand und Sterne: Eine Stadt in der Wüste“.

> *Ich beschritt völlig jungfräulichen Boden. Als erster Mensch ließ ich den Muschelstaub wie edles Gold von einer Hand in die andere gleiten. Als erster störte ich das Schweigen dieses Ortes. Auf diesem Block, der wie eine Eisscholle, solange er steht, keinen Grashalm hervorgebracht hat, war ich wie ein vom Winde verwehtes Samenkorn, der erste Zeuge des Lebens.*
>
> *Schon leuchtete ein Stern, und ich sah ihn an.*
> *Ich dachte, wie die weiße Fläche, auf der ich mich befand, seit Hunderttausenden von Jahren nur den Sternen dargeboten war, ein fleckenloses Tuch unter*

den reinen Himmel gebreitet.
Da durchfuhr es mich wie einen Forscher im
Augenblick einer großen Entdeckung:

Ich sah auf diesem Tuch kaum zwanzig Meter von
mir einen schwarzen Kiesel …
Mit klopfendem Herzen hob ich meinen Fund auf:
ein harter, schwarzer Stein von Faustgröße,
schwer wie Metall und tropfenförmig.
Auf ein Tuch, das man unter einen Apfelbaum
breitet, fallen Äpfel – ein Tuch unter den
Sternen kann nur den Staub von Gestirnen
erhalten. Kein Meteor hatte je so eindeutig seine
Herkunft dargetan wie dieser schwarze Stein …

Das Wunderbarste war aber doch, dass
auf dem runden Rücken unseres Sterns
zwischen diesem magnetischen Tuch
und den Gestirnen ein menschliches
Bewusstsein lebte, in dem dieser Regen
sich spiegeln konnte.

Spiritualität

Mit ganzem Herzen und großer Freude spielte ich an dieser Schule den Galileo Galilei in Brechts gleichnamigem Stück im Schultheater.

Im Zusammenhang mit Galileo Galilei, Giordano Bruno und anderen erfuhr ich auch die Tragödien, die Wissenschaftler im Mittelalter durchstehen mussten. Dies förderte umso mehr meine Überzeugung, dass Wissen Freiheit bedeutet, dass Religion wirklich Opium für das Volk sein müsse, und so machte ich mir viele derartige Leitgedanken zu Eigen. Aber trotz aller Prägungen aus dem sozialistischen linken politischen Umfeld habe ich mir stets eine gewisse Religiosität bewahrt. Bis heute spüre ich zuweilen die schöpferische Urkraft, den Beweger allen Seins. Im Hinblick auf die leider noch immer so zahlreichen Kriege, die wohl meist religiös motiviert sind, empfinde ich häufig die Lehren und Dogmen der Religionen aber noch immer als Verdummung der Völker.

Ich selbst halte mich für einen undogmatischen Christen mit einer gewissen buddhistischen Prägung. Wenn jemand das leicht ketzerisch als Patchwork-Religion

bezeichnet, so ist das nicht ganz falsch. Dem halte ich aber entgegen, dass jedem interessierten Menschen heutzutage mehr als nur die Bibel zur Verfügung steht, um sich religiös zu bilden. Kulturen vermischen sich im Zuge der Globalisierung, was dann auch mit deren verschiedenen Religionen, Weltanschauungen und Glaubensrichtungen geschieht. Derartige Vermischungen sind nicht neu, was bei analytischer historischer Betrachtung der Bibel leicht nachvollzogen werden kann.
Liest man Biografien alter Astronomen, oder auch die von zeitgenössischen Wissenschaftlern, ist man erstaunt, wie viel Religiosität man dort vorfindet. Ich bin davon überzeugt, dass eine kirchlich unabhängige Religiosität und Spiritualität viele Forscher beflügelt und bis heute eine große Triebfeder darstellt, Neues zu entdecken.

Von dieser Zeit an betrachtete ich die Welt holistisch.

Gymnasium

Nach meiner Mittleren Reife wechselte ich auf das Gymnasium für Sehgeschädigte der Blindenstudienanstalt in Marburg.

Während dieser drei Jahre war ein Physikkurs das einzige, was mir zum Thema Astronomie angeboten wurde. Hier erhielt ich einige Grundlagen der Mathematik, die für Astronomen sehr wichtig sind. Die drei Keplerschen Gesetze und die Newtonsche Himmelsmechanik wurden uns an dieser Stelle vermittelt.

Auch dieser Kurs wäre eine hervorragende Möglichkeit gewesen, einen ganzheitlichen und inklusiven Unterricht zu gestalten.

Vor allem Kepler, der selbst stark sehbehindert war, sollte uns interessieren. Die Verbindung zu Musik und Harmonie in seinem Buch „Harmonice Mundi" schreit förmlich danach, in einen astronomischen Unterricht für Menschen mit Seheinschränkung einzufließen.

Beflügelt durch einen wunderbaren Deutschunterricht und den Kinofilm „Club der toten Dichter", befasste ich mich in diesen drei Jahren sehr stark mit Literatur und Philosophie. Außerdem zog mich, wie viele andere auch, die Chaostheorie in ihren Bann. Aber die Astronomie war stets präsent und ruhte nur zuweilen.

Einmal und nie wieder

Als ich 1992 dann mit dem Informatik-Studium an der TH Karlsruhe begann, hatte ich ein Erlebnis, das mich mit voller Wucht traf und zurück zur Astronomie brachte. Ich hatte die Möglichkeit, eine Sternwarte zu besuchen, die auf dem Dach eines Gymnasiums installiert war. Schon aus purem Interesse nahm ich daran teil. Damals verfügte ich zwar noch über einen ganz kleinen Sehrest, konnte etwas hell und dunkel sehen, glaubte aber nicht im Traum daran, dass ich etwas im Teleskop sehen könnte.

Bis jetzt hatte ich weder einen Stern, außer natürlich unsere Sonne, noch den hellsten Vollmond am Meer oder in den Bergen sehen können, aber das war mir nicht wichtig. Da bei dieser Führung in erster Linie Sehende und Menschen mit Restsehvermögen anwesend waren, öffnete der Astronom das Teleskop und richtete es zunächst auf den Vollmond aus.

Nur aus Neugier, wie es sich physisch anfühlt, durch ein Teleskop zu sehen, legte ich mein linkes Auge mit der Helldunkel-Fähigkeit an. Und da geschah es: Ganz schwach, aber sehr deutlich konnte ich die Scheibe des

Mondes erkennen. Ein Aufschrei, ein Hüpfer. Dann verifizierten wir das Ganze. Der Astronom verstellte das Teleskop und ich konnte ihm jeweils sagen, wann der Mond zu sehen war und wann nicht. Einbildung war somit ausgeschlossen.

Nur dieses eine Mal gewährte mir mein Leben den Blick durch dieses Fenster. Diese Mondscheibe liegt noch immer wie ein leuchtender Schatz in meinem Herzen und wird mich das ganze Leben lang begleiten. Erinnerungen verwischen mit der Zeit. Diese ist aber bisher unverändert klar und deutlich präsent. Schon wenige Monate nach diesem Ereignis verschlechterte sich mein Sehvermögen derart, dass ich den Vollmond mit dem stärksten Teleskop der Welt nicht mehr hätte sehen können. Betrübt bin ich darüber nicht, denn ich habe ihn ja gesehen. Einmal und nie wieder.

Bücher, Bücher, Bücher

Ich stieß auf das Buch „Kurze Geschichte der Zeit" von Steven Hawking. Hierzu gab es auch einen Kinofilm. Interessant ist, dass ich stets gefragt wurde, ob ich die Bücher von Hawking kenne. Allerdings nicht wegen ihrer

Inhalte, sondern weil auch Hawking behindert ist – wenn auch ganz anders als ich. Ich machte die merkwürdige Erfahrung, dass viele Menschen stets davon ausgehen, alle Behinderten würden sich untereinander kennen – und was noch wichtiger ist: sich gegenseitig ganz lieb haben.

In dieser Zeit wurde die Audioausgabe der Zeitschrift „Spektrum der Wissenschaft" durch den Deutschen Verein für Blinde und Sehbehinderte in Studium und Beruf herausgegeben, die ich sofort abonnierte und bis heute immer wieder verschlinge.

Ich stieß auf die Bücher und Sendungen von Joachim Ernst Behrendt, von dem später noch die Rede sein wird. In der Blindenhörbücherei entdeckte ich – auf ungefähr 20 Kassetten aufgelesen – das Buch „Der Stern, von dem wir leben – Den Geheimnissen der Sonne auf der Spur" von Rudolf Kippenhahn, dessen Vortrag ich schon erwähnt habe. Mich faszinierte an diesem Buch vor allem, dass alle darin enthaltenen grafischen Elemente zusätzlich mit einer derart ausführlichen Texterklärung versehen waren, wie ich es selten bei anderen Autoren erlebt habe. Es schien fast so, als würde er auch an blinde Menschen denken, die auf derlei Beschreibungen angewiesen sind. Neben den Roboter-Romanen Isaac Assimovs fesselten mich auch seine populärwissenschaftlichen Werke, z. B. „Explodierende Sonnen".

1995 erhielt ich mein erstes Vorlesesystem, mit dem man ein Buch einscannen und sich anschließend per Sprachausgabe vorlesen lassen konnte. Dafür opferte ich ein ganzes Studiensemester, in welchem ich täglich viele Stunden vor diesem Gerät verbrachte und manchmal mehrmals wöchentlich Kunde der Stadtbibliothek war. In diesem halben Jahr las ich quasi nur. Es war, als stünde ich am Brunnen des Wassers meines Lebens. Tröpfelte bisher nur wenig Literatur durch unsere Hörbüchereien und noch viel weniger in Blindenschrift zu mir, so ergoss sich nun dieser unerschöpfliche Quell. Ich konnte lesen, was ich wollte. Das war eine Befreiung.

Nicht zuletzt brachte mich auch mein Nebenfach Physik mit einigen astronomisch Interessierten in Verbindung.

Mein Weg zur Inklusion

Ich habe bereits mehrfach erwähnt, dass die Astronomie in meinen Augen die besten Voraussetzungen für inklusiven Unterricht und zur inklusiven Freizeitgestaltung bietet. Hier möchte ich den Weg beschreiben, der mich zur Inklusion geführt hat.

Blind unter Sehenden

Als blinder Student unter sehenden Studierenden war es zwar nicht üblich, die Zugehörigkeit zur Gruppe derer, die nicht sehen können, zu verleugnen, aber trotzdem war es mir immer ein Bedürfnis, mich in irgend einer Weise von dieser Gruppe abzugrenzen.

Ich wollte nicht zu jenen gehören, die beispielsweise dauernd mit dem Vorurteil belegt werden, neben der körperlichen auch eine geistige Einschränkung zu haben. Ich war beleidigt, wenn mich jemand fragte, ob ich auch in der Werkstadt XY für Menschen mit Behinderung arbeite. Ich hätte mir mein Abiturzeugnis am liebsten an die Stirne geheftet. Es war sehr schick, zu den „Top-Blinden" zu gehören. Das Phänomen, dass Sehende zunächst irritiert sind und sich nicht trauen, jemanden mit Behinderung, insbesondere blinde Menschen ohne Augenkontakt, anzusprechen, oder dass sich Sehende zunächst mit einer Frage in der dritten Person „Will er etwas trinken?" an die Begleitperson wenden, oder dass der Mediziner glaubt, durch möglichst lautes Sprechen die Kommunikation zu verbessern, hat nichts mit Dummheit oder Unsensibilität zu tun. Es ist ein psychologischer Mechanismus, dem auch ich, der es eigentlich besser wissen sollte, zuweilen dann unterliege, wenn mir ein Mensch mit einer Einschränkung, beispielsweise mit eingeschränkter Sprachfähigkeit, begegnet. Dies als Trost für uns alle, dass selbst Betroffene eventuell nicht davon frei sind, sobald es sich um eine uns fremde und unbekannte Einschränkung handelt. Dennoch wäre ein hehres Ziel, einen Schalter in unseren Köpfen umlegen zu können, der uns frei macht von derartigen Vorurteilen. Seien wir uns alle dieser Fehler bewusst und betrachten wir jeden Schnitzer in dieser Beziehung als Neuanfang.

Blind unter Blinden

Ein Freund warnte mich davor, mich zu sehr der Gruppe der Sehenden anzuschließen, und meinte, dass ich eines Tages noch froh sein würde, ein Refugium zu finden, in dem ich meine Blindheit ausleben dürfe. Er überredete mich, mit ihm zusammen einen Spezialurlaub für Menschen mit Blindheit zu machen. Und da tat sich mir wirklich eine neue Welt auf.

Ich merkte, wie anstrengend mein Leben dadurch war, dass ich meinen sehenden Mitmenschen hinterherhechelte. Ich merkte, wie mir die ganzen Jahre die Gespräche unter Blinden, die thematisch oft anders gelagert sind als die mit Sehenden, so sehr fehlten. Sprechen Blinde über Kinofilme, wird kaum über Schauspieler geredet. Den Film erleben wir als ein Hörspiel, bestehend aus der Filmmusik, den Hintergrundgeräuschen, den Stimmen der Synchronsprecher und seit einigen Jahren mehr und mehr der Audiodeskription. Hierbei handelt es sich um Zusatzerklärungen, die das erläutern, was für blinde Menschen im Film nicht hörbar ist, z. B. ein entscheidender Blickkontakt, eine wichtige Geste oder eine Beschreibung einer Umgebung.

Diese Audiodeskriptionen werden zwischen die gesprochenen Passagen des Films gepackt und können entweder über einen separaten Tonkanal oder über ein Smartphone mit Knopf im Ohr abgehört werden. Manche Menschen mit Blindheit sprechen auch eher über Hörspiele und Radio, über Geräusche und Musik. Einige binden viele Geräusche in ihre Sprache ein und lieben es, Stimmen naturgetreu nachzuahmen. Ich merkte, wie wohltuend es war, in dieser Umgebung auch mal blind sein zu dürfen. Ja, es war kein Problem, mir hin und wieder ein Brot schmieren oder das Hähnchen vom Knochen schneiden zu lassen. An diesem Ort durfte ich mir bei derartigen Dingen gerne helfen lassen und musste mir oder anderen nichts beweisen, z.B. indem ich mich selbst damit quälte. Ich stelle dies so ausführlich dar, weil dieses Erlebnis einen Wendepunkt in meinem Leben bedeutete. Aber dazu später mehr.

Freizeiten

Während meiner Studienjahre begann ich mich ehrenamtlich im „Evangelischen Blinden- und Sehbehindertendienst Baden“ (EBS Baden) zu engagieren. Zunächst wirkte ich bei der Gestaltung von

Freizeiten für junge Erwachsene und auch für eine Freizeit für mehrfachbehinderte Menschen mit.

Meine Aufgaben waren hier meist musikalischer Art. Ich spielte Gitarre, wenn dies gebraucht wurde, leitete Singabende, entwickelte ein Liederbuch für die Singabende der Freizeiten in Blindenschrift und Großdruck und hielt kleinere Referate.

Nun geschah es, dass mit einem Mal die ganze Freizeitleitung wegbrach. Somit wurde ich ins kalte Wasser geschmissen und musste zumindest die traditionelle Jahresbeginnfreizeit für junge Erwachsene selbst leiten. Diese Freizeiten unwiderruflich sterben zu lassen, wäre zu schade gewesen.

Glücklicherweise hatte ich mir mittlerweile vor allem zu den Bereichen Astronomie, Philosophie und Religion ein ganz beachtliches Tonarchiv aufgebaut. Somit beschloss ich, die drei Weltsichten Philosophie, Religion und Naturwissenschaft stets in meinen Freizeiten anklingen zu lassen. Mein größtes Anliegen in meinen Freizeiten war und ist stets die Vermittlung dieses großartigen Erlebnisses, zu dem Großen und Ganzen dazuzugehören. Es ist ein wunderbares Gefühl, diese Erfahrung machen zu dürfen. Die Schönheit, wie alles ineinander greift, die Erkenntnis, dass nichts nur gut und etwas anderes nur schlecht ist, dass die Welt eher verwaschen als schwarz-weiß zu verstehen ist, bietet auch für Menschen mit Einschränkung eine enorme Kraftquelle. Eine derart gelagerte Weltanschauung hilft, sich selbst besser zu positionieren. Man kommt mit negativen Begriffen wie dem des Schicksals besser zurecht und wird resistenter gegen deren negative Wirkung. In Verbindung mit kleineren Andachten und Gottesdiensten schließt sich dann an dieser Stelle auch für sehr religiös orientierte Menschen der Kreis. Somit muss ich auf diesen Freizeiten stets dafür Sorge tragen, dass Raum und Zeit für kirchlich-religiöses Leben vorhanden ist. Glücklicherweise unterstützen mich Personen, die eine große Begabung in der Vermittlung religiöser Inhalte besitzen und Gebetsstunden und Andachten abhalten.

Ganz wichtig ist mir, dass auf meinen Freizeiten niemals die Behinderung Thema sein sollte, in welcher Form auch immer. Mein Ziel war es – und ich denke, das ist mir bis heute auch immer gelungen –, dass die Einschränkungen der Teilnehmenden für dieses Wochenende keine Rolle spielten. Alles war so gestaltet, dass die Behinderung einmal im Jahr quasi nicht spürbar war. Das war ein sehr hohes, schwer zu realisierendes Ziel. Glücklicherweise konnte ich mir mit den Jahren einen Pool sehr zuverlässiger Begleitpersonen aufbauen. Außerdem finden die Freizeiten immer im gleichen Tagungshaus statt, so dass das Personal vor Ort mit der Situation vertraut und sensibilisiert ist. Das ist für die Freizeiten des EBS Baden sehr wichtig. Einige Teilnehmende kommen nur dies eine Mal im Jahr aus ihrer Umgebung, z. B. ihrem Wohnheim heraus. Andere müssen täglich mit ihrer Einschränkung in der Welt der sogenannten Nichteingeschränkten bestehen und kämpfen. Vor diesem Hintergrund bemühe ich mich stets, dass die Behinderung für dieses eine Wochenende des Jahres nicht zur Einschränkung wird.

Manch einer mag jetzt fragen, was denn das mit Inklusion zu tun hat, handelt es sich hier doch wieder um eine Freizeit, die speziell für Behinderte ist. Einerseits leben wir für diese Wochenendfreizeiten zwar in einem Refugium, in das wir uns zurückziehen, um unsere Bedarfe zu leben. Andererseits ist das dennoch Inklusion, denn stets haben wir nichtbehinderte junge Begleitpersonen, teilweise sogar noch Schüler, denen die Freizeiten vor allem in ihrer sozialen Entwicklung viel geben können. Inklusion kann auch mal heißen, sich bewusst abzugrenzen; sich nicht abzuschotten, aber sich einfach zurückzuziehen in seine Welt. Solch einen Rückzugsort sollte sich übrigens jeder auf seine Art bewahren.

Diese Freizeiten sind natürlich in erster Linie für blinde und sehbehinderte Menschen gedacht, lassen sich aber ohne weiteres auch leicht so adaptieren, dass Sehende ebenso daran teilnehmen können. Unsere sehenden Begleitpersonen nehmen stets großen Anteil und zeigen großes Interesse an den Inhalten. Viele meiner Audiobeispiele sind ursprünglich Videos. Somit nutzte ich schon oft die Chance und ließ die sehenden Begleiter uns die Bilder des Filmes erklären.

Ein anderes Beispiel: Teile ich taktile grafische Materialien aus, so bekommen die sehenden Teilnehmer ebenfalls die taktile Version und diese ist gleichzeitig bunt gestaltet. Es kann ja nicht schaden, wenn vor allem Kinder den Sehsinn und den Tastsinn gleichzeitig einsetzen können. Für manche Sehbehinderte ist der Tastsinn eine Ergänzung zum schlechten Sehsinn.

Aus diesen Freizeiten heraus ist das Projekt „Inklusion am Himmel" geboren worden.

Die wichtigsten Leitsätze aller meiner Freizeiten sind:

- Ich muss für alle im Vorfeld alles transparent und klar darlegen, damit die Teilnehmenden sich in allen Bereichen vorbereiten können.

- Die Anfahrt muss so organisiert sein, dass alles möglichst reibungslos abläuft.

- Ich führe mit jedem Teilnehmer im Vorfeld ein persönliches Telefonat, sodass Dinge, die im Plenum vielleicht peinlich wären, angesprochen und geklärt werden können.

- Die Einschränkung soll an diesen Wochenenden nicht als störend empfunden werden.

Insbesondere auf Freizeiten, an denen Menschen mit mehrfacher Einschränkung teilnehmen, ist eine eindeutige Ablaufstruktur unerlässlich.

So sind die Essenszeiten, die Abendandacht, der samstägliche Mittagsschlaf oder wahlweise Spaziergang, der gemeinsame Kaffee und die Singabende feste Bestandteile, die immer die Themenblöcke einrahmen.

Zur besseren Vorstellung solcher Freizeiten finden Sie im Anhang drei Freizeitberichte abgedruckt, die im Vereinsrundbrief des EBS Baden erschienen sind. Inhaltlich hatten diese Freizeiten Bezug zur Astronomie.

Mittlerweile biete ich auch Freizeiten außerhalb des EBS an, die mitunter deutlich anders ablaufen, da die Teilnehmenden kaum beeinträchtigt oder behindert sind.

Hilfsmittel auf Freizeiten

Um bestimmte Inhalte vermitteln zu können, ist es gerade für Blinde sehr wichtig, dazu die richtigen Hilfsmittel zu verwenden. Deshalb möchte ich chronologisch kurz aufzeigen, welche Medien und Materialien ich in meinen Freizeiten und Seminaren einsetze. Es soll keine Technikschlacht sein. Viele der hier vorgestellten Dinge sind äußerst einfach und überall erhältlich. Andere hingegen sind spezielle Sonderanfertigungen. Ich bin überzeugt, dass Inklusion ohne den geschickten Einsatz von Technologie kaum möglich ist.

Hörbeispiele

In obigen Kapiteln klang bereits an, unter welchem Mangel an geeigneten taktilen Modellen ich zur Astronomie litt. So hatte ich bis Mitte der 90er Jahre höchstens einen taktilen Globus in der Schule kennengelernt, oder eine taktile schematische Darstellung des Sonnensystems mit den Umlaufbahnen der Planeten zwischen die Finger bekommen. Ein dreidimensionales Modell, das den Lauf der Jahreszeiten veranschaulichte, war technisch gesehen das aufwändigste, was ich diesbezüglich kannte. Somit war mein erster Kontakt zur Astronomie auch eher theoretischer Natur gewesen. Meine Quellen bestanden im Wesentlichen aus Artikeln, Büchern, Filmen und Radiosendungen. Als ich die Arbeiten von Joachim-Ernst Behrendt kennenlernte, öffnete sich mir ein weiterer, unerschöpflicher Zugang zu dieser Materie. Seine akustischen und musikalischen Beispiele faszinierten mich. Diese ganzheitliche Weltsicht beeindruckte mich tief. Somit waren meine ersten Freizeiten zu Astronomie auch eher theoretischer oder auch spiritueller Natur. Viel mehr als einige akustische Beispiele, mein erworbenes Wissen und einige Tanz- und Meditationsübungen standen mir nicht zur Verfügung.

In den letzten 20 Jahren haben sich verschiedene Dinge derart entwickelt, dass sich auch hier für mich ganz neue Türen öffneten.

Erste Modelle

Meine ersten Modelle waren sehr improvisiert.
Ein Wasserball als Sonne und Tennisbälle als Planeten veranschaulichten ihre Bewegung. Die Tennisbälle waren derart markiert, dass man sowohl die Achse als auch den Äquator fühlen konnte. Damit konnte die Bewegung der Planeten um die Sonne und der Lauf der Jahreszeiten taktil erfahrbar gemacht werden.

Sternbilder, Mondphasen und Sonnen- und Mondfinsternisse zeichnete ich entweder selbst von Hand auf eine Spezialfolie auf, bzw. überließ es fachkundigen sehenden Mitmenschen. Zeichnet man mit einem Kugelschreiber auf die Folie, wird diese an den Druckstellen des Stiftes verdichtet. Dieses führt dazu, dass sich die Linie anhebt und taktil hervortritt. Mittels dieser Folie ist es auch blinden Schülern möglich, beispielsweise dem Geometrieunterricht zu folgen.

Diese Spezialfolie setze ich gerne dazu ein, sehende Teilnehmer astronomische Inhalte wie Sternbilder aus ihrer Erinnerung heraus für blinde Teilnehmer aufzeichnen zu lassen.

Nachteil dieser Folie ist, dass man die taktilen Materialien nicht kopieren kann. Jedes Exemplar muss separat angefertigt werden. Somit standen nie genügend Materialien für alle Teilnehmenden zur Verfügung, sodass sie stets herumgereicht, bzw. sich mehrere Personen eines teilen mussten.
Gruppenarbeit ist zwar oft erwünscht und vorteilhaft, nicht aber, wenn die Gruppenarbeit im Wesentlichen darin besteht, auf das Modell zu warten.

Taktile Grafiken

Seit ungefähr 2003 steht dem Institut, an dem ich arbeite, eine ganz neue Technologie zur Verfügung. Es ist nun möglich, aus digitalen Grafiken und Bildern taktile, auf Papier gedruckte Abbildungen zu erzeugen. Zusätzlich wird die Abbildung mit Laser-Druck versehen, sodass selbst Farben erhalten bleiben. Dieses ermöglicht ein gemeinsames, inklusives Arbeiten von Menschen mit und ohne Sehvermögen. Mit dieser Technologie besteht die Möglichkeit, sehr rasch taktile Darstellungen mittels PC und Standardsoftware zu erstellen. Meist ist es allerdings nicht möglich, digitale Grafiken direkt als taktile Version zu drucken. Sie müssen erst aufbereitet werden, was aber mit der nötigen Erfahrung deutlich schneller geht, als selbst jedes Modell separat zeichnen zu müssen. Die Erstellung digitaler Vorlagen für den taktilen Ausdruck kann in den meisten Fällen von Menschen mit Blindheit nicht erledigt werden, da hierfür mit Grafikprogrammen gearbeitet wird. Aber auch hier zeichnen sich, zumindest für manche Situationen, Lösungen ab, die es auch Blinden in gewissen Grenzen ermöglichen, taktile Materialien selbst zu erstellen.

Es ist davon auszugehen, dass in der Zukunft ein Druckservice angeboten wird, der entgeltlich die Erzeugung taktiler Materialien übernimmt. Zunächst vermutlich für Bildungseinrichtungen, dann aber nach und nach auch für Privatpersonen, die ihre taktilen Wünsche in Auftrag geben können. Eine Erweiterung dieses Angebots auf 3D-Drucke wäre sicher in der Zukunft gleichwohl denkbar.

Das hätte den Vorteil, dass sowohl die in der Anschaffung sehr teuren Spezial-Drucker als auch das Know-how der Produktion taktiler Materialien zentral an einem Ort gebündelt wäre.

Die NASA veröffentlicht immer wieder ausgewählte und aufgearbeitete Bilder verschiedener Weltraumteleskope. Hat man Zugriff auf einen taktilen Drucker, kann man solche Dateien direkt drucken.

Durch diese Technologie ist es mir erheblich leichter geworden, astronomische Inhalte zu vermitteln.
Die Materialien lassen sich in jeder Menge erzeugen.
Da auf normales Papier gedruckt wird, sind sie – vom Anschaffungspreis der Druckmaschine abgesehen – äußerst günstig. Somit können die Ausdrucke den Teilnehmenden im Anschluss an die Veranstaltung überlassen werden.

Magnettafeln

Als sehr hilfreich zur Veranschaulichung bestimmter astronomischer Sachverhalte hat sich eine Magnettafel erwiesen. Mittels magnetischer Kreise, Pfeilen und weiterer Bauteile können Planetenkonstellationen ausgezeichnet dargestellt werden. Für Menschen mit Sehrest ist diese bunte und taktile Darstellungsmöglichkeit gleichermaßen eine große Hilfe.

Baukasten Astroklick

Hierbei handelt es sich um einen von mir entwickelten Baukasten aus verschiedenfarbigen Kreisen und Verbindern aus Folie. Diese können je nach Bedarf mittels Druckknöpfen zusammengeklickt werden. Die hier zusammengeklickten Planeten und Sonnen sind dann sogar beweglich und lassen sich in gewissen Grenzen umeinander drehen. Ein weiterer Vorteil ist, dass man diese Modelle, da sie durchscheinend sind, auf einen Overhead-Projektor legen kann. Somit sind auch Darstellungen an der Wand für ein sehendes Plenum möglich.

3D-Drucke

Aus dem Prototyping (hierbei handelt es sich um ein industriell genutztes Verfahren, in dem Modelle für spätere Serienfertigung erzeugt werden, um beispielsweise Tests zur Stabilität, Ergonomie etc. durchzuführen) heraus sind 3D-Drucker entstanden, die man zunehmend auch in Privathaushalten einsetzen kann. Gedruckt werden hier 3D-Modelle aus Kunststoff. Aktuell habe ich Zugriff auf in dieser Weise ausgedruckte Modelle von Mond, Mars und Erde und einer nördlichen Hemisphäre mit den wichtigsten Sternbildern. Die Modelle sind etwa so groß wie ein Fußball und lassen sich gut ertasten. Es ist fast schon eine spirituelle Erfahrung, einen Globus eines anderen Himmelskörpers in Händen zu halten als den der Erde. So lassen sich die ausgedehnten Krater und Becken des Mondes gut fühlen. Auch der höchste Berg des Sonnensystems fällt beim Ertasten der Mars-Kugel sofort auf.

Obwohl diese Technologie noch sehr neu und in der Blindenpädagogik erst seit kurzem einsetzbar ist, zeichnet sich jetzt schon ab, dass es sich hier um einen weiteren Zugang zur Welt für Menschen mit Blindheit handelt. Ganz aktuell beginnt die NASA damit, für 3D-Printer aufbereitete Modelle ihrer Raumsonden zu veröffentlichen. Somit dürften sich schon bald einige meiner zu Anfang des Buches geäußerten Wünsche und Versäumnisse nachholen und erfüllen lassen.

Das Internet

Die größte Revolution im Zugang zu Bildung, Wissen und Gesellschaft ist für Blinde sicherlich das Internet geworden. Heutzutage haben wir gleichberechtigt Zugriff auf Bildung und Wissen. In allen Bereichen setze ich das Internet auch für meine Arbeit zur Astronomie ein.

Über Wiki und andere Seiten zu Astronomie informiere ich mich. Außerdem habe ich einige wissenschaftliche Podcasts abonniert. Es gibt Unmengen von Klängen und Sounds im Netz die mit Weltraum und Astronomie zu tun haben.

Einer meiner größten Funde dürfte hier der Fahrtwind sein, den die Raumsonde Huygens erzeugte, als sie durch die Atmosphäre des Saturnmondes Titan abstieg. Das ist definitiv ein Geräusch, das nicht von der Erde stammt. Sehr spannend sind für mich auch Geräusche aus der ISS. Hiervon gibt es zwar leider nicht besonders viel, aber es ist spannend zu hören, wie dieser Ort klingt und welche Sounds dort vorherrschen.

Smartphones und Remote-Control

So ungewöhnlich es scheinen mag, hat sich die Entwicklung von Smartphones zu einer Technologie der Inklusion entwickelt. Hätte mir um die Jahrtausendwende jemand vorausgesagt, dass Blinde einst Mobiltelefone und Ähnliches mit berührungsempfindlichen Bildschirmen bedienen werden, hätte ich ihm vermutlich zweifelnd gesagt, dass ich mir beim besten Willen nicht vorstellen kann, wie das funktionieren soll. Glücklicherweise hatte diese fiktive Person Recht.

So habe ich ein Planetarium auf meinem Smartphone, das wegen seiner grafischen Oberfläche für mich zwar nicht bedienbar ist. Dennoch trägt es wesentlich zu meiner inklusiven Arbeit bei. Vor allem Jugendlichen zeige ich gerne das Planetarium. Da vor allem junge Menschen sehr Smartphone-affin sind, stellt dieses Gerät in mehrerlei Hinsicht eine Brücke dar: Zum einen besteht immer großes Interesse zu erfahren, wie jemand einen berührungsempfindlichen Bildschirm bedienen kann, obwohl dieser keine haptischen Tasten besitzt. Das funktioniert, indem Bediengesten nicht unmittelbar bei Berührung eine Aktion auslösen und das Gerät über Sprachausgabe verfügt. Spezielle Eingabemethoden

(Punktschrifttastatur und Spracheingabe) ergänzen das Bedienkonzept für Menschen mit Blindheit. Somit fördert das Gerät Kommunikation und dient als „Eisbrecher". Zum anderen stellt es die Brücke zum visuellen Teil der Astronomie dar.

Ein weiteres Beispiel für die inklusive Wirkung meines Smartphones zeigt sich bei meinen vogelkundlichen Wanderungen im Frühjahr. Hier musste ich in der Vergangenheit immer einen Lautsprecher und einen CD-Spieler in den Wald mitschleppen, damit wir Vogelstimmen direkt nachhören konnten. Mittlerweile verfüge ich über eine Anwendung zur Schnellbestimmung von Vögeln auf meinem Smartphone. So können wir nicht nur die Vogelstimmen direkt nachhören, sondern ich kann sehenden Teilnehmern inklusiv direkt die Bilder der gehörten Vögel auf dem Smartphone zeigen. Die App, die ich hierzu benutze nennt sich „Vogelstimmentrainer" und wird vom Naturschutzbund Deutschland (NABU) angeboten.

Aller guten Dinge sind drei: Auf meinen Freizeiten spiele ich alle Klänge, Geräusche und Musik über mein Smartphone ab, das an einen Lautsprecher mit Fernbedienung angeschlossen ist. Das hat den entscheidenden Vorteil, dass mir die Wege zum Gerät und von dort wieder zurück zum Stuhlkreis erspart bleiben. Da ich die Anlage von jedem Punkt des Raumes aus steuern kann, entfallen jegliche Orientierungsprobleme. Diese Entlastung kommt dem Ablauf sehr zugute, denn ich kann mich ganz auf die Inhalte konzentrieren und muss nicht mehr, wie in der Vergangenheit, gleichzeitig sprechen, mich im Raum orientieren und noch Medien bedienen, was sehr mühsam war.

Inklusion am Himmel

Astronomie stellt eine hervorragende Möglichkeit dar, inklusive Freizeiten, Seminare oder Unterricht zu gestalten und zu bereichern. In dem Maße, in welchem die Astronomie andere Disziplinen beleuchtet und von ihnen beleuchtet wird, stellt sie ganz unterschiedliche Aufgaben und Möglichkeiten bereit, sich mit ihr zu beschäftigen und mit ihr umzugehen.

Schon jedes kleine Kind stellt im Lied die Frage, wie viel Sternlein wohl am Himmelszelt stehen. In meinen Freizeiten versuche ich, jedem teilnehmenden Menschen eine der Einschränkung angemessene Teilhabe zu ermöglichen. Machen wir beispielsweise eine Tanzübung, welche die Umdrehung der Planeten um die Sonne veranschaulichen und erfahrbar machen soll, und haben wir einen Rollstuhlfahrer in der Gruppe, so ist dann einfach der Rollstuhlfahrer oder der geheingeschränkte Mensch die Sonne, der Mittelpunkt der Übung.

Nur Sehbehinderte oder gar voll sehende Teilnehmende betrachten abends auf der Wiese liegend den Sternenhimmel, erzählen uns Blinden, was sie sehen, und malen im Anschluss aus der Erinnerung heraus die Sternbilder auf Spezialfolie auf, so dass sie für blinde Menschen tastbar werden.

Ein Blinder, der gut vortragen oder vorlesen kann, erzählt Geschichten zu Sternbildern, beispielsweise aus der griechischen Mythologie, oder liest sie den sehenden Sternguckern vor – wohlgemerkt im Dunkeln mittels Blindenschrift!

Wir hatten auch schon zwei ganz liebe Frauen dabei, die das Trisomie-21-Symdrom hatten. Für sie war es das größte Geschenk, uns alle bekochen zu dürfen. Auch das ist Inklusion am Himmel.

ADHS-Kinder werden ruhig, wenn sie auf einer Wiese den Sternenhimmel betrachten. Einmal hatte ich eine Freizeit für Menschen mit multipler Einschränkung zum Thema „Laterne, Sonne, Mond und Sterne". Da war jemand dabei, der nicht gut sprechen, nicht sehen, nicht gehen und auch sonst vieles einfach nicht bzw. nur sehr eingeschränkt konnte. Seine Welt war sehr klein. Nicht größer als der Radius seiner Arme um seinen Rollstuhl herum. Das Größte für ihn aber war, wenn er für uns den großen taktilen Globus drehen oder das Jahreszeiten-Modell kurbeln durfte. Auch das ist Inklusion.

Häufig wissen wir gar nicht, wie viel jemand für sich mitnimmt. Sätze, wie „Da hast du doch eh nichts davon" sollte es nicht mehr geben, wenn man inklusiv denkt. Inklusion beinhaltet auch das Recht auf Sonderbehandlung, wo es nötig ist. „Sonder-" heißt an dieser Stelle nichts anderes als Diversität. So wird in der inklusiven Welt die Sonderpädagogik eine Diversitätspädagogik werden. Und das ist der pädagogische Gedanke im Grunde doch schon seit Pestalozzi: eine Pädagogik der Unterschiede. Jemanden dort abzuholen, wo er steht, ist Inklusion.

Pädagogische Wünsche

Ich wünsche mir von ganzem Herzen, dass erkannt wird, wie mächtig und interessant die Astronomie als Unterrichtsinhalt sein könnte. Wie Saint Exupery in „Wind, Sand und Sterne" schreibt:

„Wenn Du ein Schiff bauen willst, dann trommle nicht Männer zusammen, um Holz zu beschaffen, Aufgaben zu vergeben und die Arbeit einzuteilen, sondern lehre die Männer die Sehnsucht nach dem weiten, endlosen Meer."

So verhält es sich auch mit der Astronomie und ihren angrenzenden Disziplinen.

Es hat wenig Sinn, unendlich viele astronomische Fakten zu bimsen, Sternbilder zu pauken und die Keplerschen Gesetze in die Gehirne zu trommeln. Einen Stern oder etwas Ähnliches bauen können wir sowieso auf Erden nicht. Gelingt es uns aber, die Sehnsucht nach dieser ganzheitlichen, unendlichen und äußerst spannenden Themenwelt zu wecken, dann ist viel mehr gewonnen. Wenn Sie als Lehrer dann noch zu einem Schüler, der angeblich Physik hasst, lachend sagen, dass er doch schon die ganze Zeit – ohne es zu merken – Physik treibt, und dass er dann vielleicht noch einer der am begeistertsten Teilnehmer ihres astronomischen Unterrichts, ihrer Freizeit oder ihres Seminars ist, dann spüren Sie, wie großartig diese Disziplin sein kann.

Ganzheitlich denken zu lernen macht selbstständiger, freier, mündiger und toleranter, offener und friedliebender. Jeden Tag erleben wir die Sonne, den Stern, von dem wir leben. Jemand, der dafür empfänglich geworden ist, könnte sich – zum Beispiel an einer roten Ampel wartend – an folgenden kleinen Meditationsfragen erfreuen, anstatt sich über die Ampel aufzuregen.

- Die Sonne ist ein Stern. Obwohl sie 149 Mio. Kilometer weg ist, fühle ich noch so viel Wärme von ihr. Dazu passt dann auch die Vorstellung des von der Sonne her wehenden warmen Sonnenwindes

- Die Sonne klingt. Wie mag sie sich wohl anhören?

Meine Überzeugung ist, dass hier weit mehr stattfindet, als nur etwas über ein gewisses Hobby zu lernen. Wer für derlei Sätze und Fragen empfänglich ist, hat mehr Achtung vor der Natur und damit auch vor Mensch und Tier. Er wird friedvoller und tendenziell sozialer mit seinesgleichen umgehen. Er hat eine Medizin im Koffer, die gegen geistige Erstarrung, gegen Verdummung und gegen Verblendung hilft. Außerdem ist dieses Medikament Astronomie auch noch ein Muntermacher und eine Glückspille dazu. In heute gebräuchlichen Worten bezeichnet man derlei als Softskills oder, etwas „Deutscher", als Schlüsselqualifikation.

Die technischen Aspekte der Astronomie schulen das Vorstellungsvermögen und somit sekundär auch die Orientierung und Mobilität von blinden Menschen.

Für blinde Menschen ist es zwar durch die heutige Technologie leichter geworden, sich überall und jederzeit, zum Beispiel beim Warten, zu beschäftigen, immer geht das jedoch nicht. Wir können uns nicht dadurch ablenken, dass wir mal eben aus dem Fenster sehen und uns fragen, wie der oder die sich denn angezogen hat. Somit ist die Welt der Blinden häufig eine Welt des Wartens und der Ungeduld. Für derlei Fälle eignet sich Astronomie ganz wunderbar. Es entspannt die Situation sofort und beruhigt.

So verhält es sich auch mit einem anderen Hobby von mir. Ich befasse mich sehr gerne mit Vogelstimmen.

Im Frühjahr veranstalte ich zumeist mit sehenden Mitarbeitern vogelkundliche Wanderungen, auf welchen ich sie lehre, die Vogelstimmen richtig zu erhören. Mit meinem Smartphone kann ich die Vogelstimmen auch im Wald abspielen, damit man den Gesang noch etwas deutlicher und näher hört. Außerdem können sich die sehenden Teilnehmenden dann ein Bild des Vogels auf dem Display des Gerätes ansehen. Auch das ist übrigens Inklusion. Blinde Menschen müssen sich heutzutage schon sehr früh mit relativ viel Technik herumschlagen. Trotz ihres großen Nutzens ist das nicht eines jeden Menschen Sache. Insbesondere in der pädagogischen Welt ist teilweise noch nicht ganz angekommen, dass der Umgang mit assistiver Technologie und dem Internet für blinde Menschen das Tor zur Welt darstellt. Hierfür benötigt man allerdings begeisterte Lehrer, die Mut machen, mit Freuden durch dieses Tor zu gehen. Wenn Sie derlei schon lernen oder lehren sollen, dann könnten Sie es inhaltlich doch wenigstens mit spannender Astronomie füllen.

Zehn Gründe, sich als Blinder mit Astronomie zu beschäftigen

Nachdem Sie nun meinen astronomischen Werdegang kennengelernt haben, möchte ich in diesem Kapitel noch einmal ganz allgemein und kompakt aufzeigen, warum sich dieses Hobby für blinde Menschen so sehr eignet.

1) **Fragen nach dem Anfang, dem Ende und dem Sinn des Universums gehen uns alle an.**
   Es sind angeborene Fragen, die uns alle mehr oder weniger umtreiben. „Das ist halt so", oder „Das hat Gott gemacht", reichen als Antworten nicht aus. Mag sein, dass ein Gott das alles geschaffen hat, aber wie?

2) **Die meisten Dinge in der Astronomie spielen sich mittlerweile nicht mehr visuell ab.**
   Die Zeiten, in denen Astronomen wie Hubble im Winter mit ihren Augen am Teleskop hingen und froren, sind längst vorbei. Teleskope werden über das Internet gesteuert. Ergebnisse zeigen sich häufig als Tabellen über Strahlungsarten und oder Verteilungen. Diese sind mit heutiger Technologie auch blinden Menschen zugänglich und können von ihnen interpretiert und verstanden werden.

3) **Die Sicht auf Sterne ist wegen der nächtlichen Lichtverschmutzung meist unmöglich.**
Im Vergleich zu der großen Zahl an Sternen, die es alleine in unserer Milchstraße gibt, sind die wenigen, die man selbst bei bester Sicht mit bloßem Auge sehen kann, vernachlässigbar. Dass ein klarer nächtlicher Sternenhimmel eine Augenweide darstellt, ist sicher unbestritten; unter dem Strich ist dies aber relativ unwesentlich für die Astronomie als Ganzes.

4) **Schwarze Löcher sind – zumindest wenn sie gerade hungern – so schwarz, dass man mit den besten Augen nichts damit anfangen könnte. Alles Unsichtbare ist prädestiniert, auch von Blinden erobert zu werden.**

5) **Das Universum besteht nur zu vier Prozent aus dem, was für Augen vermeintlich so interessant ist.**
Tja, da kann man nichts machen. Stellen Sie sich vor, Sie sähen nur noch vier Prozent Ihres Fernsehbildes. Vermutlich würden Sie dann dieses abendliche Vergnügen rasch aufgeben.

6) **Dunkle Energie und dunkle Materie weigern sich strickt, gesehen zu werden.**
Hören lassen sie sich bisher allerdings auch noch nicht, und somit besteht hier Chancengleichheit, was die Suche danach angeht. Konkret bedeutet es, dass diese Dinge, wenn sie sich beiden Organen, sowohl den Augen als auch den Ohren, entziehen, aufbereitet werden müssen, um wahrgenommen werden zu können.

7) **Phänomene wie der Welle-Teilchen-Dualismus und der Dopplereffekt lassen sich auch akustisch erleben.**
Dasselbe gilt für Umlaufzeiten, Strahlungsverteilungen etc. Schon Kepler selbst sagte sinngemäß: „Gäbe man dem Himmel Luft, sollte seine Musik erklingen."

Mittels heutzutage verfügbarer Technologien können sehr viele Phänomene des Weltalls hörbar gemacht werden, beispielsweise die Radiosonne, die Interaktion des Sonnenwindes mit dem Magnetfeld der Erde, Radiopulsare und die kosmische Hintergrundstrahlung. Joachim-Ernst Behrendt trug in zahlreichen Sendungen sehr viele Materialien hierzu zusammen.

8) **Da blinde Menschen traditionell viel mit Radio zu tun haben, sind alle Radiogeräusche aus dem All (Sonnenwind, Pulsare, Hintergrundstrahlung) sehr interessant.**
Vor allem unter Älteren ist der Amateurfunk mit all seinen technischen Spielereien noch sehr präsent. Ein Radioteleskop zu konstruieren, um die Sonne zu belauschen, ist heutzutage nicht mehr sehr aufwendig und kann mit Standardbauteilen hergestellt werden. Ich kenne blinde Menschen, die dann und wann unter die „Oberfläche" des „weißen Rauschens" des Radios hören und dort Veränderungen entdecken und beobachten.

9) **Die Mathematik, die für Astronomie gebraucht wird, ist auch Menschen mit Blindheit zugänglich.**
Durch Computer, Internet und assistive Technologien können Blinde prinzipiell fast uneingeschränkt an Wissenschaft und Forschung teilhaben. Ausnahmen bilden vielleicht manche gefährliche chemische Experimente oder gefährliche Expeditionen.

10) **Astronomie kann alle Sinne ansprechen – einschließlich der Seele.**
Das tut sie besonders dann, wenn man die anderen Disziplinen, die von ihr berührt werden,

mit einbezieht. Wie oben beschrieben, fördert sie meiner Meinung nach ein ganzheitliches Denken, ist mit allen Sinnen erfahrbar und hält auch transzendente spirituelle Erlebnisse und Eindrücke bereit.

Exkurs: Zehn Gründe, sich als Blinder mit Vogelstimmen zu beschäftigen

Als weiteres Beispiel für meine holistische Weltanschauung, für die ich brenne, möchte ich auch meine Freude an der Ornithologie nennen. Oft bekomme ich von sehenden Teilnehmenden meiner jährlich im Frühjahr stattfindenden vogelkundlichen Wanderungen die Frage gestellt, weshalb ich mich mit Vögeln beschäftige, obwohl ich sie als Blinder doch gar nicht sehe.

Hier sind zehn Gründe dafür:

1) **Vogelstimmen sind so offensichtliche Geräusche**, dass es kaum gelingt, an ihnen vorbeizuhören.

2) **Da blinde Menschen „Hörmenschen" sind**, ist es sehr naheliegend, sich mit den Klängen und Gesängen der Vögel zu beschäftigen, die allgegenwärtig sind.

3) **Vogelstimmen ergänzen jeden Spaziergang.**

4) **Vogelstimmen und Musik haben Gemeinsamkeiten,** die viele blinde Menschen ansprechen dürften.

5) **Die Geborgenheit eines Vogelnestes,** ein Federbett und auch Vogelfedern bieten derart schöne haptische Erfahrungen, dass dieser Aspekt ein Teil meines Hobbys darstellt.

6) **Würden wir nur diejenigen Vögel singen hören,** welche für sehende Menschen aktuell an einem Ort auch sichtbar sind, wäre die Welt traurig still, da die meisten Vögel in Blättern, Büschen und Schilf oder Gras verborgen sind – und dennoch singen.

7) **Es ist eine schöne Meditation, sich darüber Gedanken zu machen, weshalb und für wen die Vögel eigentlich singen.** Nur für die Fortpflanzung ist mir persönlich als Grund zu wenig. Hierfür hätte die Evolution effektivere

Wege zur Partnersuche gehen können und nicht einen so wunderbaren Gesang ausbilden müssen.
Die Insekten beispielsweise sind vermutlich die Tiergruppe mit der weltweit größten Anzahl an Individuen. Sie singen nicht und haben offensichtlich keine Probleme mit der Fortpflanzung und Arterhaltung, was jeder allsommerlich erlebt, der abends an einem Bach oder Fluss in einen Mückenschwarm gerät.

8) **Da ich ein Mensch bin, der sehr von der Idee des Fliegens fasziniert ist,** finde ich auch hier wieder meinen Weg zu den Vögeln.

9) **Vogelstimmen, Vogelflug und Vögel an sich stehen oft für Weite, Freiheit, Rastlosigkeit und Sorglosigkeit.** All dies ist in Literatur und Musik oft thematisiert worden und ist somit sprachlich schön.

10) **Wie auch die Astronomie hat dieses Hobby einen Bezug zu anderen Gebieten wie Literatur, Philosophie, Musik und Biologie.** Betrachtet man Vogelschwärme und deren synchrones Verhalten, gelangt man rasch an sehr theoretische Fragen zu Kommunikation, Interaktion und Chaostheorie.

Neue Wege: Astronomie in der Schule

Selten waren Didaktik und Pädagogik einem derartigen Umbruch unterworfen. Das gesamte Bildungssystem steht auf dem Prüfstand und neue Konzepte werden ausprobiert. Dann taucht da auch noch die Inklusion auf, die nach und nach in Schule, Studium und Beruf Einzug halten soll. Ich habe lediglich Berufspädagogik als Nebenfach studiert. Dennoch möchte ich es an dieser Stelle wagen, zumindest eine grobe Projektidee für fächerübergreifenden Unterricht mit Inklusion vorzustellen. Es ist ein Konzept, das von mir höchstens in Teilen ausprobiert wurde, und das auch nicht in der Schule, sondern in erster Linie auf Freizeiten und in Seminaren, die nicht dem Druck des Bildungssystems unterworfen sind, zum Einsatz kommen kann.

Mein Konzept soll an dieser Stelle als Denkanstoß dienen. Ich lege hier dar, wie ich mir das Thema Astronomie mit all seinen Gebieten, die auch in andere Bereiche münden, als ganzheitliches Unterrichtsprojekt vorstelle. Hierzu werde ich Teilgebiete den wichtigsten Schulfächern zuordnen.

Physik

Selbstverständlich ist Astronomie zunächst einmal etwas Physikalisches. Wie sich in unserem Sonnensystem etwas umeinander dreht, wird hier vermittelt. Zentral hierfür sind natürlich die drei Gesetze von Johannes Kepler und die Newtonsche Himmelsmechanik. Auch der Dopplereffekt gehört in dieses Fach. Die Verschmelzung von Wasserstoff zu Helium ist Grundlage jeder Kernphysik.

Chemie

Wie unser Sonnenfeuer funktioniert, reicht durchaus auch in die Chemie hinein, denn alle chemischen Elemente außer dem Wasserstoff werden hier geboren.
Ein Hauptwerkzeug, etwas über Sterne und deren Zusammensetzung zu erfahren, ist die Methode der Spektralanalyse des Sternenlichts. Dieses Werkzeug ist für chemische Analysen unverzichtbar.

Biologie

Zunächst einmal sind wir alle Kinder des Feuers.
Das liegt daran, dass alle chemischen Elemente, außer dem Wasserstoff, entweder in Sternen geboren werden oder - wenn sie schwerer als Eisen sind - durch sterbende Sterne entstehen, wenn deren Leben in einer fulminanten Supernova endet. Außerdem ist es durchaus nicht selbstverständlich, dass es Leben auf unserer Erde gibt.

Nehmen wir nur das komplizierte Zusammenspiel vom nötigen Abstand zur Sonne, der Funktion des Mondes auf unser Klima mit Ebbe und Flut, der Photosynthese und vielem mehr. In der Diskussion um Klimaerwärmung und Treibhauseffekt wird häufig die Venus als Beispiel für den Treibhauseffekt genannt. Ihr Abstand zur Sonne ist unwesentlich anders als die Distanz zwischen Erde und Sonne.

Derzeit erlebt die Venus einen unglaublichen Treibhauseffekt mit einer mehrere hundertfach dichteren Atmosphäre als die der Erde und mit Temperaturen am Boden bis zu 400 Grad Celsius. Dadurch verbirgt sie sich stets unter einer dicken Wolkenschicht. Leben ist dort so unmöglich, dass nicht einmal eine Sonde bis dato länger, als eine viertel Stunde auf dem Boden „überleben" konnte. Weshalb begann auf der Venus dieser Treibhauseffekt? Ist er das Resultat einer Entwicklung, mit der die Erde gerade beginnt? Können wir hiervon etwas lernen? Das sind alles Fragen, die geeignet sind, im Biologieunterricht behandelt zu werden.

Erdkunde

Im Zusammenhang damit, dass unser Planet sich geologisch stets verändert, könnte es durchaus auch eine ganz interessante Erkenntnis sein, dass derlei nicht nur mit Wasser funktioniert. Der Saturnmond, Titan, auf dessen Oberfläche die Geologie im Wesentlichen von flüssigem Methan angetrieben wird, kann hier sehr verblüffen.

Außerdem sind die Themen Vulkanismus, Erwärmung durch radioaktiven Zerfall und der Dynamo des Erdmagnetfeldes in der ganzen Planetenforschung und deren Geologie höchst präsent.

Auch die Methode der Altersbestimmung, zum Beispiel unseres Mondes mittels Kraterhäufigkeit, steht im Gegensatz zur Tatsache, dass die Geschichte unserer

Erde permanent durch geologische Ereignisse wieder verwischt wird, indem sich ihr Gesicht durch den Einfluss von Wind und Wasser stets verändert. Krater werden mit der Zeit z. B. durch angewehten Sand aufgefüllt, Flüsse graben sich ihre Täler, Dünen wandern stetig und Plattentektonik und Vulkanismus falten Gebirge auf oder lassen Berge stürzen.

Technik

Hier sind der Fantasie keine Grenzen gesetzt.
Man könnte beispielsweise passende Modelle entwerfen und bauen. Manche Schulen verfügen über ein kleines Observatorium, das technisch von geeigneten Schülern administriert wird.

Deutsch

Die Deutsche Literatur steckt voller Astronomie. Nehmen wir nur als Beispiel den Prolog im Himmel aus Faust I, in welchem Goethe die Sonne tönen lässt. Außerdem bietet sich natürlich Berthold Brechts Theaterstück Galileo Galilei an. Dieses kann wunderbar in einer Theatergruppe einstudiert und aufgeführt werden. Im Anhang habe ich noch einige Gedichte aufgeführt, die zum Thema Lyrik besprochen werden könnten.

Sport

Im Zusammenhang mit Theater lässt sich auch der Sportunterricht hervorragend in ein derartiges Unterrichtsprojekt integrieren. Eine gute Performance und eine gute Körperarbeit sind durchaus sportliche Elemente.

Fremdsprachen

In der Raumfahrt spielt sich alles entweder auf Englisch oder auf Russisch ab. Die Ariane-Starts finden immer in Gebieten statt, in welchen Französisch gesprochen wird. Mittels Bibliotheken und dem Internet können Schüler hierfür fremdsprachliche Referate anfertigen.
Viele Sterne sind nach griechischen oder lateinischen Göttern benannt. Man kann fast sagen, dass die Griechen und Römer ihre ausgedienten Götter als Sterne an den Himmel hängten.

Somit ranken sich um diese Namen auch sehr viele Geschichten, wie beispielsweise die der Medusa. Die griechische Kultur und somit die Wiege Europas wäre ohne ihre Göttergeschichten nicht denkbar. Dazu zählen dann selbstverständlich auch die dazugehörigen astronomischen Objekte. Auch unsere Planeten und Wochentage tragen fast alle bis heute astronomische – und damit auch griechische bzw. lateinische – Namen.

Geschichte

Astronomie hat im Höchstmaß geschichtliche Bezüge. Keine Seefahrt wäre ohne Sternenkunde möglich gewesen. Kolumbus hätte ohne Sterne vermutlich Amerika niemals entdeckt. Nahezu alle Hochkulturen waren gute Seefahrer und hervorragende Astronomen und/oder Mathematiker.

Religion und Ethik

Wie den meisten Leserinnen und Lesern bekannt sein dürfte, herrschte zwischen den großen Kirchen und der

Wissenschaft große Feindschaft. Viele Wissenschaftler fanden hierdurch den Tod oder wurden verbannt. Giordano Bruno (1548-1600) und Galileo Galilei (1564-1642) sind Beispiele hierfür. Aber natürlich ist auch der Stern von Bethlehem ein astronomisches Objekt. Nicht zuletzt hängen Kalender und Uhren im Höchstmaß von kirchlichen Ereignissen ab und entwickelten sich auch in diesem Umfeld.

Vor allem die monotheistischen Religionen litten darunter, dass sie mehr und mehr den Sonderstatus, den sie dem Menschen in der Schöpfung einräumten, aufgeben mussten. Bildung fand bis vor wenigen Hundert Jahren im Wesentlichen in Klöstern statt. Daher kamen sehr viele Astronomen dieser Zeit aus dem religiösen Umfeld. So war Pfarrer Johann Fabricius mit Sohn ein fleißiger Beobachter der Sonnenflecken. Christoph Scheiner (1573-1650) war Mönch. Er beschrieb in seinen Korrespondenzen, dass die Sonne eine gekörnte Oberfläche habe. Das durfte nicht sein, denn die Sonne galt als vollkommen. Flecken oder eine sonstige Rauheit waren unzulässige Mängel. Nicht zuletzt war Georges Lemaître (1894-1966) ein Theologe, der entscheidend für die Urknalltheorie kämpfte.

Philosophie

Die Allgemeine Naturgeschichte und Theorie des Himmels ist ein Werk von Immanuel Kant (1724-1804), das er 1755 verfasste und anonym veröffentlichte.
Nach Kants Vorstellung ist unser Sonnensystem eine Miniaturausgabe der beobachtbaren Fixsternsysteme, wie zum Beispiel unser Milchstraßensystem und andere Galaxien. So entstehen und vergehen seiner Meinung nach Planetensysteme und Sternsysteme periodisch aus einem Urnebel, dabei verdichten sich die einzelnen Planeten unabhängig. Mit dieser Theorie kam er den heutigen Vorstellungen über die Kosmogonie schon recht nahe. Zudem hat es große Auswirkungen auf Philosophie, Religion und Wissenschaft, wie man sich die Entstehung des Alls und was darin ist, vorstellt. So kam beispielsweise der Kirche die Theorie des Urknalls sehr entgegen. Passt sie doch zur Anschauung, dass alles einen eindeutigen Anfang hat, an welchem Gott „Es werde ..." sprach.

Wirtschaft

Zu einem guten Produkt, das ein Verkaufsschlager werden soll, gehört auch ein prägnanter Name.
So erfreuen sich die beiden schokoladenen Süßigkeiten, von denen die eine den Namen unseres vierten Planeten und die andere das englische Wort für Milchstraße trägt, großer Beliebtheit. Wer sich, wie ich, zu jenen zählen lassen will, die nicht blöd sind, kauft nicht dort, sondern eher bei der anderen Kette, die die Ringe unseres sechsten Planeten im Logo hat. So spielt die Astronomie direkt in Marketing-Überlegungen hinein.

Spannend ist in diesem Zusammenhang sicherlich, was gewisse Raumfahrtmissionen kosten, wo die Gelder dafür herkommen und wie die Raumfahrt langsam in private Hände gelangt. Die Diskussion, ob man den Nutzen der Raumfahrt auch wirtschaftlich bewerten kann, ist sicherlich hochinteressant.

Politik und Soziologie

Ein wesentlicher Motor für den raschen Aufbruch zum Mond war die damalige politische Situation des Kalten Krieges und des Wettrüstens zwischen USA und damaliger UDSSR. Für die politische Bildung gibt es kaum etwas Anschaulicheres, als die Raumfahrt im Lichte dieser politischen Lage zu betrachten.

Politisch höchst interessant ist die Tatsache, dass China momentan im Begriff ist, den Weltraum für sich zu erobern und dass derzeit die USA das lieber stoppen würden. So ist momentan keine Beteiligung Chinas an der internationalen Raumstation ISS vorgesehen. Überhaupt ist die ISS selbst politisch sehr aufregend:
So viele unterschiedliche Nationen, wie sie hier zusammenarbeiten, waren seit Menschengedenken noch nie an ein und demselben Projekt beteiligt. In diesem Sinne ist die ISS ein Zeichen des Friedens. Sie zeigt uns auch, dass die globalen Probleme und Krisen dieser Welt nur gemeinsam gelöst werden können, denn kein Land dieser Welt ist derzeit in der Lage, alleine eine eigene Raumstation zu unterhalten.

Dieses Bewusstsein zu schulen ist ein wichtiger Schritt, um aus Schülern politisch mündige Bürger zu machen.

Musik

Wenn eine kollabierende Gaswolke plötzlich einen so hohen Druck entwickelt, dass in ihrem Innern der Wasserstoff zünden kann, dann wird es Licht – und zwar auf einen Schlag. So kann man das bei Joseph Haydn in seiner Schöpfung hören, wenn mit einem Schlag Licht wird und dieser unglaublich klare und mächtige C-Dur-Akkord ertönt. Es läuft mir ein Schauer den Rücken hinunter, wenn ich daran denke und es hier niederschreibe, so gewaltig und wunderbar ist das.

Eine leider schon verstorbene Pop- und Rocklegende benannte sich nach unserem ersten Planeten, Freddie Mercury.

Es gibt ein Ragtime-Stück über den Halley'schen Kometen. In vielen weiteren Liedern und Werken spielen astronomische Inhalte eine Rolle.
Nicht zuletzt kann man sehr viele Phänomene des Weltalls hörbar machen, so zum Beispiel den

Sonnenwind, die Interaktion des Sonnenwindes mit dem Magnetfeld der Erde, die Verhältnisse der Planetenbahnen zueinander und vieles mehr. Die Ehre gebührt an dieser Stelle unbedingt dem leider schon verstorbenen Jazz-Papst Joachim Ernst Behrendt. In zahlreichen Sendungen demonstrierte er eindrucksvoll, wie die Welt, das Sonnensystem und das All klingen können. „Was schwingt, klingt", war stets sein Motto. Die Idee des Klanges der Welt geht bis auf Pythagoras zurück. Selbst Johannes Kepler sprach davon, dass der Himmel klänge, würde man ihm Luft geben. In Keplers Buch „Harmonice Mundi" wird viel von musikalischen Beziehungen, von musikalischer Schönheit etc. gesprochen, als handele es von Musik und nicht von Astronomie.

Die Gruppe Schiller brachte im Jahr 2012 ein Album mit dem Titel „Sonne" heraus und der Obertonchor Düsseldorf sang ein Stück zum Thema Sonnenwind.

Wissenschaftler mit vier Sinnen

Abrunden will ich dieses Büchlein, indem ich zeige, dass die Astronomie schon immer eine dankbare Wissenschaft für Menschen mit Behinderung war und ist. Hierzu vier Beispiele.

Galileo Galilei (1564-1642)

Galileo Galilei erblindete, weil er vermutlich zu oft und zu lange die Sonne mit „unbewaffnetem" Auge beobachtet hatte. Dennoch war er der erste, welcher ein optisches Hilfsmittel auf den Sternenhimmel richtete. Er entdeckte Berge und Täler auf der Mondoberfläche, die vier Jupiter-Monde Io, Europa, Ganymed und Kallisto.
Seine Konflikte mit der Kirche sind durch seinen Widerruf „Und sie dreht sich doch!" hinlänglich bekannt.

Selbstverständlich verfügte er auf dem Höhepunkt seines wissenschaftlichen Schaffens noch über sein Augenlicht.

Johannes Kepler (1571-1630)

Es erfüllt mich als blinden Menschen mit einem gewissen Stolz, dass wir quasi den größten deutschen Astronomen in „unserer" Gemeinschaft haben: Johannes Kepler sah sehr schlecht. Seine Seheinschränkung beruhte auf einer Pockenerkrankung. Niemand kann heute sagen, wie viel oder wie wenig Kepler vom Sternenhimmel letztlich mit seiner Seheinschränkung gesehen hat. Seine Situation verbesserte er selbst, indem er Teleskope mit Sammellinsen entwickelte (Keplerteleskop).

Eigentlich wollte Kepler beweisen, dass die Planeten sich auf kreisförmigen Bahnen bewegen und dass diese Bahnen einer kosmischen Harmonie gehorchen.

Da dies insbesondere mit der Marsbahn, deren Exzentrizität doch sehr stark von der Kreisbahn abweicht, nicht klappen wollte, schloss er letztendlich, dass Planeten sich auf elliptischen Bahnen um ihre Gestirne bewegen.

Die drei von ihm gefundenen Gesetze sind:

1. Keplersches Gesetz:
Die Planeten bewegen sich auf elliptischen Bahnen, in deren einem Brennpunkt die Sonne steht.

2. Keplersches Gesetz:
Eine von der Sonne zum Planeten gezogene Verbindungslinie, genannt „Fahrstrahl", überstreicht in gleichen Zeiten gleich große Flächen.

3. Keplersches Gesetz:
Die Quadrate der Umlaufzeiten zweier Planeten verhalten sich wie die dritten Potenzen (Kuben) der großen Bahnhalbachsen.

Im Zusammenhang mit Johannes Kepler muss leider auch die Tragödie erwähnt werden, dass seine Mutter mit der Inquisition in Konflikt kam und nur mit Keplers Hilfe einem Hexenprozess entgehen konnte.

Kepler hatte in Tycho Brahe einen ganz hervorragenden Beobachter des Himmels. Tycho kannte den Himmel so gut, dass ihm am Abend des 11. November 1572 die Supernova im Sternbild Kassiopeia auffiel. Er prägte auch den Begriff der „Stella Nova", da er sie für einen neuen Stern hielt. Von da an war klar, dass die Fixsterne gar nicht

so unveränderlich sind wie immer angenommen.
Tycho hatte auch eine leichte Einschränkung. Er verlor in einem Duell seine Nase und trug deshalb eine metallene Nasenprothese.

John Goodricke (1764-1786)

Der gehörlose Astronom John Goodricke hatte sich im Jahr 1785, im Alter von 21 Jahren, bereits einen Namen auf dem Gebiet der Astronomie gemacht. Er hatte die erste systematische Untersuchung veränderlicher Sterne durchgeführt und daraus geschlossen, dass der periodische Helligkeitswechsel des Sterns Algol durch einen ihn umkreisenden Begleiter verursacht wird. Außerdem hatte er den pulsierenden Stern Delta Cephei entdeckt, der zu der Klasse der sogenannten Cepheiden gehört. Diese Cepheiden dienen den Astronomen als ein elegantes Werkzeug der Entfernungsbestimmung. Doch die vielversprechende Karriere des gehörlosen Astronomen war kurz: Er starb noch vor seinem 22. Geburtstag.

Steven Hawking (geboren 1942)

Es ist ein absolutes medizinisches Wunder, dass Steven Hawking noch am Leben ist – ein Mann, welcher vollständig gelähmt großartige bahnbrechende Wissenschaft zu schwarzen Löchern betreibt. Hawking denkt in Sphären, zu denen vermutlich nur eine Hand voll Menschen vordringen. Orakelgleich mutet es an, wenn er mit seiner Computerstimme über seine Forschung spricht.

Allen diesen Forschern ist gemeinsam, dass sie Grenzen überwinden und neue Wege finden und begehen mussten, um mit der jeweiligen Einschränkung zu ihren wissenschaftlichen Zielen zu gelangen. Dies ist nicht immer leicht. Liest man Biografien großer Genies, nicht nur jener aus der Naturwissenschaft, stellt man oft fest, dass zum Beispiel schon im Kindesalter eine relativ lange Krankheits- und Leidenszeit stattfand. Während die Altersgenossinnen und -genossen spielten und sich zerstreuten, blieb jenen oft nur die geistige Beschäftigung, wenn der Körper erkrankt war.
Aber alle hier vorgestellten Wissenschaftler trieben auf ihre Weise Inklusion.

Schlusswort

Wir sind nun am Ende unserer Sternenreise angekommen. Ich hoffe, dass einige Stationen auf dieser Reise dabei waren, die Sie als spannend und interessant erlebt haben.

Dieses Buch ist aus reiner Begeisterung zur Astronomie und purer Lebensfreude entstanden. Dass es dort auch um Behinderung geht, ist klar, denn sie ist ein Teil von mir. Sie gehört zu mir. Ich muss sie genauso annehmen, wie ich auch zu meinen Fähigkeiten und Begabungen nicht Nein sage. Freies Denken und eine ganzheitliche Weltsicht sind mir ein großes Anliegen, weshalb auch so oft von Bildung, Pädagogik und Unterricht die Rede war.

Ich entlasse Sie nun wieder aus meiner Welt des blinden Astronomen in Ihre Welt. Somit stellt dieses Buch auch eine Brücke zwischen Welten dar.
Im Buch „Die unendliche Geschichte" von Michael Ende hat Bastian Angst, das Wasser des Lebens für den Vater zu verschütten, wenn er aus dem Land Phantasien zurückkehrt. Es ist ihm dennoch gelungen, etwas hinüberzuretten. Meine größte Freude ist es, wenn Sie aus diesem Buch auch etwas in Ihre Welt, in Ihren Alltag, in Ihr Leben hinübergerettet haben.

Danksagung

Ein Buch zu schreiben, ist nicht ohne geduldige und aufmerksame Helfer möglich.

Es ist mir ein Anliegen, diejenigen zu würdigen, die maßgeblich an der Entstehung dieses Buches beteiligt waren und ohne deren Hilfe dieses Projekt unmöglich zu seiner Fertigstellung gelangt wäre. Denen, die sich hier nicht finden, bin ich nicht minder dankbar. Auch sie sind ein Teil dieses großen Projektes.

Astrid Weidner danke ich für ihre sehr lehrreichen Seminare zum Einsatz von Sprache. Außerdem für ihre Zeit, mein Buch in ihren ohnehin schon vollen Alltag mit hineinzunehmen und zu korrigieren.

Meine Freundin Stella gab viele Ratschläge, die das Thema Inklusion betrafen. Außerdem musste sie auf mich verzichten, als die Fertigstellung in die heiße Phase kam. Meinem ehemaligen Geschichtslehrer und Chorleiter, Dietmar Boehringer, danke ich für seine pädagogisch-inhaltlichen Anmerkungen.

Mit Eifer, Gründlichkeit und Sorgfalt trug Rita Raidt mit ihrem unermüdlichen Rotstift einen wesentlichen Teil zu diesem Buch bei. Sie lehrte dem „Fehlerteufel" das Fürchten.

Für Formatierung und Gestaltung der Vorversionen danke ich meinen ehemaligen Assistenten Abraham Kolb und Tobias Haschke.

Dank für Eure Liebe und Geduld, für Eure Zeit und Kraft. So entstand dieses Buch gemeinsam mit meinen lieben helfenden Personen, die ebenfalls für meine Mission brennen.

Anhänge

Um den Praxisbezug meiner Mission deutlicher herzustellen, sind hier zunächst drei Freizeitberichte abgedruckt, die so in den Rundbriefen, dem Vereinsorgan des Evangelischen Blinden- und Sehbehindertendienstes, veröffentlicht wurden.

Außerdem finden Sie hier mein Dankschreiben an die Besucher meiner Freizeiten zur Unterstützung meiner Mitgliedschaft bei der Deutschen Astronomischen Gesellschaft.Des Weiteren sind einige mir im Zusammenhang mit Astronomie wichtige Gedichte abgedruckt.

Jahresbeginnfreizeit 2009

Die Schöpfung als Lobgesang

Wir trafen uns erstmals im Diakonissenhaus Nonnenweier, nachdem unser bisheriger Standort Bad Liebenzell, wie viele von Ihnen wissen, nicht mehr zur Verfügung steht.

In diesem Bericht möchte ich kurz schildern, wie die Freizeit verlaufen ist. Er soll für das nächste Jahr viele von Ihnen ermutigen, wieder an dieser Freizeit teilzunehmen. Das Motto der Freizeit lautete: „Die Schöpfung als Lobgesang".

Wir beschäftigten uns sehr intensiv mit Schöpfungsgeschichten aus verschiedenen Kulturen. Diese wurden von vielen Gesängen, Liedern und Geschichten begleitet. Es gab auch sehr viele Klänge aus der Natur zu hören:

Wussten Sie schon, dass die Sonne klingt? Goethe zumindest wies in Faust I mit dem Gedicht „Die Sonne tönt nach alter Weise" darauf hin.

Wir hörten die Umlaufbahnen von Planeten, die Signale, welche uns über Milliarden von Lichtjahren von Pulsaren erreichen. Das sind nahezu die ältesten Objekte unseres Universums. Sie entstehen, wenn hinlänglich schwere Sterne „sterben".

Wir meditierten zum Sonnenton, der sehr viel Kraft und Licht spenden kann, wenn man sich auf ihn einlässt.

Wir erlebten, wie Joseph Haydn die Schöpfungsgeschichte vertont hat, und empfanden die Wucht und Macht, die er musikalisch dem Moment zuordnete, als es Licht ward. Diese Klänge, Musiken und Geschichten setzten wir immer in Verbindung mit unserer Bibel und mit dem Lob Gottes.

Es wurde uns bewusst, wie wunderbar Gott unsere Welt geschaffen hat:

- Er platzierte unser Sonnensystem an den Rand unserer Galaxis, wo genug Ruhe herrscht, um eine un gestörte Entwicklung unseres lebenden Planeten zu ermöglichen.

- Es ist sehr wichtig, dass die Erde gerade in dem Abstand zur Sonne steht, wie sie steht. So empfangen wir gerade die nötige Energie der Sonne, die für die Entwicklung und Erhaltung des Lebens nötig ist.

- Im Inneren einer Galaxie geht es viel zu turbulent zu, als dass Leben sich ungestört entwickeln könnte. Gesteinsbrocken aus dem Weltall würden immer wieder die Erde treffen und das gewordene Leben beschädigen oder gar zerstören. Dieses Schicksal ereilte die Dinosaurier vor Millionen von Jahren.

- Ohne unseren Mond wäre kein Klima auf der Erde möglich, da er Ebbe und Flut erzeugt und somit den Wärmeaustausch im Wasser nachhaltig beeinflusst und reguliert.

- Unser schwerster Planet Jupiter sorgt als „Staubsauger" dafür, dass die meisten Brocken, die unsere Erde treffen könnten, von ihm angezogen werden. Er schützt uns somit vor schweren Katastrophen. Ein derartiges Inferno, wie das, welches damals das Aussterben der Saurier ausgelöst hat, weil ein riesiger Meteorit auf der Erde einschlug, bleibt uns daher wahrscheinlich erspart. Es würde das Leben und damit uns Menschen mit einem Schlag vernichten.

Dies ist Grund genug, Gott zu loben.
Unser geplanter Spaziergang, in dem wir die Schöpfung in der Natur erleben wollten, fiel buchstäblich ins Wasser.

Deshalb entschieden wir uns für einen Kraft schöpfenden Mittagsschlaf, der uns allen sehr gut tat.

Am Samstagabend hatten wir die Möglichkeit, einen wunderbaren Gottesdienst der Diakonissen zu besuchen. Es wurden sehr schöne alte Kirchenlieder von Luther und anderen gesungen. Eine ergreifende Predigt, die von der Altoberin über eine Bibelstelle aus dem 2. Brief von Paulus an die Korinther gehalten wurde, rundete den Gottesdienst auf eine passende Weise ab.

Am Sonntagvormittag besuchten wir den Gottesdienst der Gemeinde, der auch in der Hauskapelle stattfand, weil es im Winter schwer ist, die Kirche zu beheizen.

Eine Feedback-Runde mit vielen Anregungen und Ideen rundete die Freizeit ab. Den Abschluss bildete ein vorzügliches Mittagessen.

Den Samstagabend begingen wir mit einem vorzüglichen Wein und vielen Liedern.

Die Unterkunft

Die Entscheidung, eine Freizeit im Diakonissenhaus Nonnenweier durchzuführen, entschädigte uns in jeder Hinsicht für den Verlust unseres guten und gewohnten Hauses in Bad Liebenzell.

Unsere liebe Frau Leber suchte ganz hervorragend die Zugverbindungen für alle Teilnehmenden heraus und organisierte die Abholung von der Bushaltestelle. Dort wurden wir von Schwester Margarete, die vielen von uns als langjähriges Mitglied bekannt sein dürfte, und der Oberin, Schwester Irmgard, mit überschwänglicher Liebe empfangen.

Anschließend wurden wir in unsere Zimmer eingeführt. Schwester Irmgard zeigte uns alles mit sehr viel Geduld und Hingabe. Alles wurde erklärt und durfte befühlt werden. Es wurde nichts ausgelassen. Die Zimmer sind sehr liebevoll eingerichtet. Das Haus ist äußerst sauber und in einem sehr guten Zustand. Überall ist es mollig warm.

Ich habe die Schwestern nicht, wie so oft gemunkelt wird, als alte verhärmte Nonnen erlebt, sondern als ganz weltoffene Seelen, die ihre ganze Kraft für das Wohl der Mitmenschen einsetzen wollen. Die Liebe zu Gott und eine bodenständige Lebensweise sind mir sehr angenehm aufgefallen. Diese Frauen sind keine in Abgeschiedenheit lebenden Jungfern, sondern ganz praktisch orientierte Schwestern, die mitunter eine sehr harte und ehrenvolle Arbeit im Lichte Gottes für Pflegebedürftige und Kinder ausüben.

Unsere Sozialstrukturen würden ohne solche wertvollen Menschen nicht funktionieren.

Beim Essen waren sie stets voller Geduld zur Stelle und versuchten – manchmal vielleicht sogar fast zu viel – zu helfen, um alle, aber auch wirklich alle Bedürfnisse zu befriedigen. Hier kann man Menschen erleben, die mit ihrem Leben zufrieden sind, die mit Gott und der Welt, auch mit den unangenehmen Seiten, in Einklang leben.
Das Streben nach Erfolg und Macht, das Anhäufen von Besitz, die Gier nach Dingen, die andere besitzen, ist ihnen fremd. Die Gemeinschaft ist für sie das Wichtigste. Natürlich haben sie auch mit Finanzen, Krankheit und anderen weltlichen Problemen zu kämpfen. Dieses meistern sie durch ihre bodenständige und realistische Einstellung zum Leben.

Das Haus ist für sehgeschädigte Menschen absolut geeignet. Nach etwa 30 Minuten kannte ich mich bestens aus und habe alle wichtigen Treffpunkte selbstständig erreichen können. Das Haus ist liebevoll eingerichtet. Der Tagungsraum war passend für unsere Vorhaben, und für gemütliches Beisammensein ist genügend Platz vorhanden. Die Zimmer sind sehr komfortabel. Telefon auf den Zimmern gibt es derzeit zwar noch nicht, was ich aber nicht als unangenehm empfand. Es ist manchmal sinnvoll, sich eine Auszeit von Telefon und Internet zu nehmen. Es stehen allerdings Telefonzellen zur Verfügung, jedoch die meisten von uns dürften mit einem Mobiltelefon ausgestattet sein. So ist man offener für die wunderbare Atmosphäre, die das Haus ansonsten bietet.

Die Nasszellen befinden sich unmittelbar in Zimmernähe. Dies mag vielleicht für einige von Ihnen zunächst etwas unangenehm wirken. Ich kann Ihnen aber versichern, dass Sie selten eine derartige Sauberkeit vorfinden. Das sage ich, der ich dienstlich schon in sehr vielen, auch sehr exklusiven Hotels genächtigt habe, in denen die Nasszelle zwar auf dem Zimmer, aber ungenügend sauber war.

Der Weg zum Haupthaus, in dem gegessen wird, ist sehr einfach und kann von Blinden nach kurzer Übung problemlos bewältigt werden. Das Haus verfügt über wenige Stufen, und Aufzüge für Gehbehinderte sind vorhanden. Die Kapelle kann man beispielsweise stufenlos über Rampen und Aufzüge erreichen.

Die großzügige Gartenanlage konnten wir aufgrund des Wetters leider nicht genießen. Grund genug, das Haus erneut zu besuchen, um auch dieses Erlebnis zu erfahren. Schwester Margarete gab uns einen exzellenten Einblick in die Arbeit der Diakonissen und in die historische Entwicklung des Ganzen.

Die Teilnehmenden

Insgesamt waren wir elf Personen, wovon eine als Begleitung für eine Teilnehmerin anwesend war.
Für mich war es das erste Mal, dass ich eine derartige Freizeit völlig alleine leitete. Ich danke dem Vorstand für das Vertrauen, das er mir entgegenbrachte.

Die Gruppe war sehr gemischt, sodass ich immer die Aufgabe hatte, alle „mitzunehmen", dass mir niemand verloren geht, dass sich keiner langweilt, dass ich eine Sprache benutze, die allen verständlich ist, dass ich die Inhalte so vermittle, dass für jeden etwas dabei ist.

Ein Highlight war unsere Teilnehmerin Hannele aus Finnland. Sie macht derzeit ein Auslandspraktikum an der Sehbehindertenschule in Waldkirch. Sie ist selbst blinde und ausgebildete Pädagogin. Besonders schön war, dass wir ein finnisches Tischgebet lernten, welches wir dann vor dem Essen alle gemeinsam singen konnten.

Obwohl wir so wenige waren, hat man deutlich gespürt, dass der Bibelvers stimmt: „Wo zwei oder drei in meinem Namen versammelt sind, da bin ich mitten unter ihnen." Normalerweise hätten wir die Freizeit wegen zu wenigen Teilnehmenden absagen müssen. Ich danke dem Vorstand dafür, dass wir sie dennoch durchgeführt haben.

Wie alle aus den Rundbriefen und der Mitgliederversammlung ersehen können, ist der EBS Baden in einem Umbruch begriffen, der noch nicht abgeschlossen ist. Gerade in einer derart schwierigen Phase ist es wichtig, Meilensteine zu setzen. Diese Freizeit ist ein Beweis dafür, dass unser Verein lebt. Wir werden auf diesem Weg mit Gottes Hilfe weiter gehen, damit der

Verein, wie die Lilie in unserem Leitbild und unserem neuen Logo, neu erblüht.

Wir sind das Samenkorn, das nicht unter die Dornen gefallen ist, das nicht von den Vögeln aufgepickt wurde. Wir sind in fruchtbaren Boden gefallen und ich hoffe, dass wir vielfach Frucht tragen. Wir sind das Salz der Erde, das nicht seinen Geschmack verliert und zertreten wird.

Trotz der Finsternis, die unsere Augen beschatten mag, sind wir nicht das Licht, welches man anzündet und unter einen Scheffel stellt.
(Siehe Bergpredigt, Jo. 5 - 7)

Das Fazit

Nach Meinung aller Teilnehmenden war die Freizeit ein voller Erfolg.

Sie waren mit dem Thema sehr zufrieden und beeindruckt, dass es in der Schöpfung auch so viele unbekannte Klänge gibt. Einige baten mich, ihnen die vorgespielten Aufnahmen zur Verfügung zu stellen. Hierzu werde ich in meinem kleinen bescheidenen Tonstudio eine CD produzieren, in welcher die wichtigsten Aspekte des Themas von mir kommentiert werden und die dazu passenden Klänge, Geräusche, Geschichten und Lieder zu hören sein werden. Dies kann aber noch etwas dauern, da ich beruflich sehr eingespannt bin und manchmal nicht die Zeit finde, die ich gerne hätte, um derartige Projekte in die Tat umzusetzen.

Das Haus erwies sich rundum als geeignet. Wir sind so liebevoll und zuvorkommend empfangen und versorgt worden, dass ich noch jetzt, da ich den Bericht verfasse, sehr gerührt bin. Eine derartige Liebe ist mir persönlich noch in keinem einzigen Blindenheim zuteilgeworden. Damit will ich natürlich den Ruf dieser Einrichtungen nicht schmälern. Sie haben Vorteile für uns, die möglicherweise dieses Haus nicht bieten kann.

Des Weiteren können diese Einrichtungen Programme anbieten, die in diesem wunderbaren Diakonissenhaus nicht gleichermaßen möglich sind. Für geistig und geistlich orientierte Freizeiten ist es jedoch optimal.

Die eventuell als Nachteil empfundenen Dinge, wie z. B. das fehlende Telefon oder die fehlende Nasszelle auf den Zimmern, werden von den fürsorglichen Schwestern meiner Meinung nach mehr als ausgeglichen und kompensiert.

Das gesamte Blindenwesen ist derzeit in allen Bereichen großen Veränderungen unterworfen. Das verlangt von uns allen, dass wir in gewisser Weise mitgehen und versuchen, uns zu arrangieren. Dazu gehört auch, dass man alte gewohnte Strukturen verlässt und bereit ist, sich auf Neues und Unbekanntes einzulassen. Im Falle dieser Freizeit war es in allen Bereichen ein Neuland und für alle Beteiligten ein großartiges Experiment.Dennoch sind wir diesen Weg miteinander gegangen und ich kann sagen, dass es sich gelohnt hat.

Nicht nur wir haben die Liebe und Fürsorge der Schwestern empfangen. Auch sie haben von uns gelernt. Sie haben, und das äußerten sie vielfach, erlebt, dass auch wir Sehgeschädigten mit unserer Behinderung ein würdiges und Gott gefälliges Leben führen können.
Sie haben erlebt, dass wir uns zu orientieren wissen.
Wir tappen nicht im Dunkeln. Um uns ist auch Licht, das wir weitergeben dürfen und sollen.
Für meinen Teil werde ich, so Gott will, gerne weitere Freizeiten anbieten. Ich werde in diesem Hause als Veranstaltungsort bleiben, denn ich finde es sehr anstrengend, sich immer wieder auf neue Gegebenheiten einlassen zu müssen. Mir hat es wirklich an nichts gefehlt.
Ich hatte den Eindruck, dass es den Teilnehmenden

ebenso erging. Für meine nächste Freizeit würde ich mir noch mehr Teilnehmer wünschen.

Vielleicht ermutigt dieser Bericht, dass Sie sich dazu durchringen können, sich mit mir auf weitere spannende Themen und Gegebenheiten einzulassen.

Danksagung

Ich möchte zum Schluss dieses Artikels meinen großen Dank an alle Beteiligten aussprechen, die mir diese Freizeit ermöglichten.

Mein größter Dank gebührt natürlich den Schwestern des Hauses und unserem lieben Heiland, der mich wunderbar geführt hat. Es war für mich im Vorfeld schwer, die Freizeit zu organisieren, da ich sehr viel im Beruf eingespannt bin und unter gesundheitlichen Problemen zu leiden hatte.
Ich wünsche den Leserinnen und Lesern alles, was gerade am dringlichsten für Sie von Nöten ist.
Gottes Segen und alles Gute.

Ihr Gerhard Jaworek.

Jahresbeginnfreizeit 2010

Die Sonne, der Stern von dem wir leben

Wie im letzten Jahr fand die Jahresbeginnfreizeit für junge Erwachsene wieder im bewährten Diakonissenhaus Nonnenweier statt. Alle sieben Teilnehmenden trafen sich am Freitag gegen 17:30 im Diakonissenhaus Nonnenweier, wo wir von Schwester Irmgard aufs Freundlichste empfangen wurden. Da manche von uns sich schon im Haus auskannten, war der Bezug der Zimmer recht einfach.

Um 18:00 versammelten wir uns dann im Aufenthaltsraum zu einem sehr reichhaltigen Abendessen. Schwester Irmgard und vor allem eine von ihr eigens für uns zur Verfügung gestellte Schwester, Frau Sum, standen mit helfender Hand zur Seite und versorgten uns über alle Mahlzeiten aufs Vortrefflichste.

Danach fanden wir uns wieder im Aufenthaltsraum am „runden Tisch" zu unserer einführenden Gesprächsrunde ein. Begonnen wurde die Freizeit mit einem Gebet für das gute Gelingen. Anschließend ließen wir uns viel Zeit bei einer sehr ausführlichen Vorstellungsrunde. Ziel dieser

Runde war, dass sich die „alten" und die „neuen" Hasen mal richtig kennenlernen konnten. Des Weiteren erhielt jeder, der wollte, die Möglichkeit, etwas von seinen Erlebnissen im alten Jahr oder von bevorstehenden Dingen im neuen Jahr zu erzählen. Auch Unangenehmes durfte ausgesprochen werden. Dies war sehr wichtig, um frei für die Inhalte der Freizeit zu werden und auch mal richtig loslassen zu können.

Daran anschließend führte uns der Freizeitleiter, Herr Jaworek, in das Thema „Die Sonne, der Stern von dem wir leben" ein. Hier wurde der ungefähre Ablauf und die Inhalte vorgestellt, auf welche später jeweils näher eingegangen wird. Den Abschluss dieser ersten Runde bildete ein Brainstorming darüber, was jedem so zum Thema Sonne einfällt.

Abgerundet wurde der Abend schließlich in gemütlicher Runde mit einer sehr guten Flasche Rotwein, welche unsere uns inzwischen allen wohl bekannte Schwester Margarete spendierte.

Der Samstag begann nach einem sehr ausgiebigen Frühstück um 09:30 mit einer kleinen Betrachtung von Herrn Jaworek über die aktuelle Tageslosung.

Darin ging es darum, dass Gott als Mantel betrachtet wurde, den man anziehen kann. Wichtige Stichworte in diesem Zusammenhang waren:
Mantel, Rüstung, Schild und Glückshaut. Mit einem gemeinsamen Vaterunser und einem von Frau Osswald angestimmten Kirchenlied endete die Andacht.

An dieser Stelle muss gesagt werden, dass das Musizieren in diesem Jahr etwas zu kurz kam. Schuld daran war ein Herrn Jaworek ärztlich auferlegtes, vierteljähriges Gitarrenspielverbot wegen eines computerbedingten Sehnenleidens.

Der nächste Block befasste sich mit der Rolle der Sonne in den verschiedensten Kulturen und natürlich nicht zuletzt in unserer Bibel. Hierzu hörten wir einige Geschichten und Musiken und besprachen verschiedene Weltbilder. Hier wurde auch das Spannungsfeld zwischen Wissenschaft und Religion deutlich sichtbar.

Die Verbannung der Erde aus dem Mittelpunkt des Sonnensystems und hernach sogar noch an den Rand unserer Galaxis war nicht immer einfach für die Kirchen und Weltanschauungen. Skandalös in diesem Zusammenhang war auch, dass die Sonne, die immer als reinstes leuchtendes und vollkommenstes Objekt galt, in Wahrheit gar nicht so rein ist. Sie weist bisweilen Flecken auf und ihre Oberfläche ist durchaus nicht makellos. Sie ist körnig rau. Vorsichtig formulierte Briefe von Mönchen an ihre Freunde wiesen dezent darauf hin. Betrachtet man diese Dinge, so kommt man leider auch nicht an den Tragödien vorbei, welche z. B. Galileo Galilei, Giordano Bruno und anderen widerfahren sind.

Beendet wurde dieser Teil von einer intensiven Meditation zum Sonnenton. Dieser lässt sich aus der Umlaufzeit der Erde um die Sonne berechnen. Er steht für alles, was wir mit der Sonne verbinden:

Kraft, Leben, Licht, Klarheit etc.

Dementsprechend meditierten wir auch zum Erdenton, welcher sich aus der Zeit einer Tagesumdrehung herleiten lässt. Dieser Ton steht für:

Bodenständigkeit, Grund, Weltverbundenheit etc.
Im nächsten Block vor dem Mittagessen beschäftigten wir uns mit den Aufgaben und Wirkungen der Sonne. Wir sprachen über Wetter, Ebbe und Flut, Fotosynthese, Wasser und Windkraft und einiges mehr.

Anschließend fand ein fürstliches Mittagessen seinen Platz. Danach fand eine Zeit der Muße statt. Einige machten mit Schwester Margarete die Geländeführung, welche im letzten Jahr so elend ins Wasser gefallen war. Andere zogen einen gepflegten Mittagsschlaf vor.
Die Führung war sehr informativ und wirklich interessant. Wir hatten so schönes Wetter, dass wir passend zum Thema eine große Menge wärmender Sonnenstrahlen empfangen konnten. Noch schwach zwar, dennoch winterlich, ließen sie doch schon ein wenig den bevorstehenden Frühling erahnen.

Zurückgekehrt in die warme mollige Stube, fanden wir Kaffee, Tee und einen selbst gebackenen Kuchen vor. Diesen ließen vor allem diejenigen, die von der kühlen Winterluft Appetit bekommen hatten, sich wohl schmecken.

Gestärkt und frisch durch Schlaf, Kaffee und ländlicher Luft machten wir uns dann gegen 16:00 Uhr wieder an die Arbeit.

Dieser Block befasste sich mit der Entstehung der Sonne, der Planeten, der Funktionsweise der Sonne und damit, wie wunderbar es ist, dass unser Sonnensystem genau so ist, wie es ist. Selbst für nicht religiöse Menschen sind die für unser Leben wichtigen Parameter etwas zu viele Zufälle.

- Dadurch, dass das Universum deutlich kleiner war als heute, als die ersten Sterne zündeten, standen diese näher beieinander. Aus diesem Grunde kommen sie, anders als unsere Sonne, im Weltall eher selten einzeln vor. Sie treten meist zu zweit als Doppelsternsysteme auf. Die Planetenbahnen um ein derartiges Gebilde wären aber so kompliziert und instabil, dass man davon ausgehen kann, dass die Entwicklung von Leben in einem sog. Doppelsternsystem nur schwer möglich wäre.

- Wäre der Abstand der Erde zur Sonne nur ein wenig anders, könnte kein Leben auf der Erde existieren. Bereits geringste Schwankungen in der Sonneneinstrahlung lassen sich in alten Pflanzenfunden z. B. an ihren Jahresringen oder dem Gehalt von chemischen Isotopen wie C14 empfindlich nachweisen.

- Ohne unseren Mond gäbe es keine Ebbe und Flut, was sich stark auf unser Klima auswirken würde.

- Unser größter Planet Jupiter bewahrt uns wegen seiner starken Anziehungskraft vor den meisten Zusammenstößen mit Gesteinsbrocken aus dem Weltall. Über derartige Auswirkungen können die „Dinosaurier" ein „Lied" singen.

- Wir sind „Kinder des Feuers". Nahezu alle chemischen Elemente, aus denen unser Sonnensystem, aus denen „WIR" bestehen, werden in Sternen „gebacken". Diejenigen, welche schwerer als Eisen sind, entstehen sogar nur dann, wenn ein hinreichend schwerer Stern sein „Leben" mit einer spektakulären Supernova beendet.

Trotz aller Physik wurde gerade auch in diesem Block die Spiritualität immer im Auge behalten. Die Handschrift Gottes lässt sich auch in der Physik entdecken.

Im Handumdrehen war es dann schon Viertel nach fünf. Für uns hieß das, schnell in den Mantel und rüber zur Abendandacht. Hierzu luden uns nämlich die Schwestern ein. Es war ein wunderbarer Wochenausklang mit Liedern Gebeten und Gottes Wort.

Darauf folgte ein Abendessen, das mindestens so reichhaltig war wie das Paschamahl, das Jesus mit seinen

Jüngern einnahm. Den Wein dazu gab es allerdings etwas später …

Nun stand noch ein letzter kleinerer, aber nicht unwichtiger Block aus. Darin wurde gesammelt, zu was es vorher nicht mehr gereicht hat.

Es war ein meditativer Block. Die Aufgabe der Sonne und der Erde, alle vier Jahreszeiten aufeinander folgen zu lassen, zeigte Frau Bettina Osswald mit dem wunderschönen alemannischen Gedicht über den Kirschbaum von Johann Peter Hebel.

Dadurch angeregt stellte uns Herr Jaworek auch in Form des Gedichtes vom Morgenstern des gleichen Dichters das Rätsel, worum es sich denn beim sogenannten Morgenstern handele. Es ist die Venus, manchmal auch als Abendstern am Himmel sichtbar.

Abgeschlossen wurde das Thema mit einem Dankgebet und einer Meditation zu den Tönen aller Planeten. Diese Töne wurden immer wieder von unterschiedlichsten Lobgesängen verschiedenster Kulturen und Religionen begleitet.

Abgerundet wurde auch dieser Abend mit Wein, welcher abermals von Schwester Margarete spendiert wurde.
Am Sonntag hieß es früh aufzustehen. Wir trafen uns bereits um 08:00 Uhr – und das am Sonntagmorgen, zum Frühstück. Der Grund war, dass der Gottesdienst bereits für 09:00 angesetzt war. Obwohl Herr Jaworek es allen Teilnehmenden freistellte, ob sie so früh aufstehen wollten, fanden sich alle pünktlich ein.

Die Gottesdienste in Nonnenweier sind immer etwas Besonderes. Hier bekommt man Kirchenlieder zu hören, die man sonst kaum noch singt. Immer wirken Frauen im Gottesdienst mit, was sehr angenehm ist.

Anschließend trafen wir uns zu einer Abschlussrunde. Dort wurde die Freizeit ausgewertet und Ideen für weitere Freizeiten gesammelt. Die Freizeit wurde von den Teilnehmenden als sehr gelungen angesehen.

Nach einer offenen Gebetsrunde, wo jeder beten konnte oder auch für sich beten lassen konnte, näherte sich das Wochenende viel zu schnell dem Ende.

Nach einem sehr guten festlichen Mittagsmahl bestiegen wir die vorbestellten Taxis und wir wurden wieder in unseren Alltag entlassen. Es wäre schön, wenn dieser Artikel alle jungen und jung gebliebenen Erwachsenen Lust für das nächste Jahr bereiten würde.

An dieser Stelle sei nochmals ein großer Dank an das Haus für die liebevolle Unterstützung ausgesprochen.

Ihr Gerhard Jaworek.

Jahresbeginnfreizeit 2013

Bericht über die Jahresbeginnfreizeit für jung gebliebene Erwachsene vom 01.03 - 03.03. 2013

Thema: Kalender und Uhren im Wandel der Zeiten
Ort: Diakonissenhaus Nonnenweier

Leitung: Gerhard Jaworek

Nachdem unsere Jahresbeginnfreizeit im letzten Jahr 2012 aufgrund mangelnder Anmeldungen leider ausfallen musste, konnte sie 2013 sogar mit wachsender Teilnehmerzahl stattfinden.

Wer mich kennt, weiß, dass ich stets versuche, Naturwissenschaft, Philosophie und religiöse Aspekte zusammenzubringen. Diese drei Disziplinen versuchen auf ihre Art, die Welt zu erklären, und alle drei haben aus ihrer Sicht zumindest teilweise recht mit ihren Annahmen.

Dieses Jahr wählte ich das Thema „Kalender und Uhren im Wandel der Zeiten". Auslöser war ein schöner Beitrag zum Thema Kalender in der August-Ausgabe 2011 der „Spektrum der Wissenschaft".

Als ich das Thema dann für mich vertiefte, öffnete sich mir wirklich eine Schatztruhe an Wissen und mir wurde klar, dass dies unbedingt eine Freizeit werden muss.

So trafen sich insgesamt neun Personen (fünf Teilnehmende, drei Begleitpersonen und meine Wenigkeit als Leiter) am Freitag, den 01.03.2013 im bewährten Diakonissenhaus Nonnenweier, um ein Wochenende zu diesem Thema zu erleben.

Nach einer reibungslosen Anreise und einem vorzüglichen Abendessen starteten wir gegen 19:30 Uhr mit unserem ersten Block.

Hauptziele dieses Blockes waren, das gegenseitige Kennenlernen, vom Alltag loszulassen und auf der Freizeit anzukommen. Nach einer ausführlichen Vorstellungsrunde gab Herr Jaworek einen Überblick über den Ablauf des Wochenendes, und die ganzen organisatorischen Dinge wurden besprochen. Danach rundete eine kleine Meditation „Nimm Dir Zeit" und eine Kurzandacht zu einem Bibelwort, die unsere Teilnehmerin Bettina Osswald hielt, den ersten Block ab.

Der Abend mündete dann in ein gemütliches Beisammensein mit guten Getränken, interessanten Gesprächen und einem regen Erfahrungsaustausch über vielfältige Themenfelder.

Nach einem üppigen Frühstück und einer kleinen Morgenandacht zur Tageslosung, gehalten wieder von Bettina Osswald, starteten wir den nächsten Block.

Anhand taktiler Grafiken und Modelle erarbeiteten wir uns die Phänomene am Himmel, die unsere Zeiteinteilung letztendlich bestimmen. So ist es beispielsweise nicht selbstverständlich, dass vor allem geburtsblinde Menschen wissen, dass unsere Jahreszeiten durch die Schieflage der Erdachse zustande kommen, wie sich grafisch die Mondphasen anfühlen und nicht zuletzt, wie wenig detailliert und schemenhaft Sternbilder sind.

Des Weiteren wurden die Probleme verschiedener Kalendersysteme aufgezeigt und wie diese über den Julianischen und den Gregorianischen Kalender bis hin zur Einführung der koordinierten Weltzeit mit ihren Schaltsekunden 1972 immer genauer wurden.

Der dritte Block widmete sich der Entstehung des Kirchenjahres. Hier wurde vor allem klar, dass bis heute noch verschiedene Traditionen parallel nebeneinander existieren. So sind die meisten Wochentage und viele Monatsnamen noch nach alten „heidnischen" Göttern benannt. Außerdem kann man aus den Monatsnamen noch ablesen, dass die Zählung einmal eine andere war. Die Entstehung des heutigen Kirchenjahres und dessen Ablauf war eine Ansammlung von Reformen. Darüber gab es vielerorts Streit und auch „Reformstau", wie heute noch in manchen Dingen.

Nach einem hervorragenden Mittagessen, nach dessen Genuss entweder ein Spaziergang oder ein ausgiebiges Mittagsschläfchen möglich waren, und nachdem Kaffee und Kuchen die Spaziergänger wieder gewärmt und gestärkt und auch die aus der Horizontalen Zurückgekehrten wieder aufgeweckt hatte, folgte nun ein Block technischen Inhalts.

Im Mittelpunkt dieses Blockes standen Instrumente zur Zeitmessung. Angefangen von Stundenkerzen über die Sanduhr, Pendeluhren mit Federn und Gewichten bis hin zu Quarzuhren und Atomuhren wurden erläutert. Es wurde auch die weniger technische astronomische

Zeitmessung, die Mondmessmethode erklärt. Oft kam es zu Spannungen dieser beiden Lager. So geriet John Harrison, Erfinder der Schiffsuhr, zwischen diese Parteien. Auch hier zeigte sich, dass blinden Menschen beispielsweise in der Schule so grundsätzliche Dinge wie die Funktionsweise einer Sonnenuhr oft vorenthalten werden, weil Sehende vermuten, dass jemand, der die Sonne nicht sehen kann, wohl auch nicht wissen könne, wie ihre Uhr funktioniert.

Zwischen diesem Block und dem Abendessen hatten wir die Gelegenheit, an der Andacht der Schwestern teilzunehmen. Hier wurden sehr schöne Lieder gesungen, die viele vielleicht gar nicht mehr so kennen, und eine Pfarrerin hielt eine ergreifende Predigt.

Der letzte Block dieses Tages war eher meditativer Natur. Es wurden vor allem noch unbeantwortete Fragen zum Kirchenjahr und auch zur Läutordnung abgearbeitet. Eine kleine Andacht von Frau Osswald ließ den Abend meditativ in den gemütlichen Teil übergehen.

Wieder mit einem hervorragenden Frühstück und einer kleinen Andacht brach schon der Sonntag mit dem letzten Block der Freizeit an.

Dieser drehte sich inhaltlich um die Zeit und ihre Mysterien. Spannend war der Erfahrungsaustausch über die erlebte und die gelebte Zeit. Auch Fragen nach dem Anfang und dem Ende, der Zeit, bzw. der Ewigkeit lösten schöne Gespräche und Diskussionen aus. Ganz verrückt wurde es dann, als Herr Jaworek einen ganz kleinen Exkurs über die Relativität von Raum und Zeit gab.
Die letzten 30 Minuten vor dem Mittagessen standen im Zeichen des Feedbacks und der Themenfindung für weitere Freizeiten. Auch hier wurde viel Konstruktives zusammengetragen. Es wird sicher weiterhin derartige Freizeiten geben und an Inhalten und spannenden Themen mangelt es nicht.

Danksagungen: Zunächst möchte ich unserem Schöpfer danken, der die Vorbereitungen und den Verlauf außergewöhnlich begleitet hat. Dem Leitungsteam des EBS danke ich für sein Vertrauen und die freie Hand, die ich in der Vorbereitung der Freizeit walten lassen durfte, auch wenn dabei kleinere Kosten entstehen könnten.

Den Begleitpersonen danke ich für ihr Engagement. Ohne sie wäre eine derartige Veranstaltung nicht durchzuführen. Dem Sekretariat des EBS danke ich für die administrative Unterstützung. Nicht zuletzt gebührt ein großer Dank den Schwestern von Nonnenweier, die mit ihrem liebevollen Einsatz uns eine so angenehme Unterkunft in ihrem Hause ermöglichten.

Dankesschreiben an die Besucher meiner Freizeiten zur Unterstützung meiner Mitgliedschaft bei der Deutschen Astronomischen Gesellschaft

Liebe Mitglieder
(des evang. Blinden- und Sehbehindertendienst Baden),
seit dem 08.05.2013 darf ich mich als offizielles Mitglied der Deutschen Astronomischen Gesellschaft bezeichnen. Es ist nicht so einfach, dort Mitglied zu werden. Man muss sich mit seinen astronomischen Arbeiten dort bewerben und benötigt zwei Bürgen, die bereits Mitglieder sind. Das war für mich eine große Hürde, denn ich kannte bis dato noch kein Mitglied der Deutschen Astronomischen Gesellschaft. Ein Großteil meiner Arbeiten, die ich in meiner Bewerbung erwähnen durfte, waren meine zahlreichen Freizeiten, die einige von Ihnen und Euch regelmäßig besuchten.

Ich darf an dieser Stelle besonders vier Freizeiten herausgreifen:

„Kalender und Uhren im Wandel der Zeiten"
„Die Sonne, der Stern von dem wir leben"
„Die Schöpfung als Lobgesang"
„Weltbilder"

All diese Freizeiten hatten astronomischen Bezug. Somit haben auch Sie ihren Teil zu dieser meiner Ehrung beigetragen. Herzlichen Dank dafür.

Von dieser Mitgliedschaft verspreche ich mir, dass ich künftig noch mehr Möglichkeiten habe, astronomische Themen für blinde und sehbehinderte interessierte Menschen zugänglich machen zu können. Gute Kontakte dorthin, die Zusammenarbeit mit den Sternwarten des Landes, dem Haus der Astronomie Heidelberg und den Planetarien, sollten eine gute Plattform dafür bieten.

Meine Mitgliedschaft trägt bereits Früchte bis nach Spanien. Dort läuft gerade ein Projekt zur Verbesserung der Zugänglichkeit von Astronomie für Blinde.

Ich hoffe, dass wir durch diese neuen Möglichkeiten die inhaltliche Qualität unserer Freizeit noch einmal steigern können.

Nochmals ganz lieben Dank an Sie und Euch, die Sie durch den Besuch meiner Freizeiten dieses großartige Projekt, wie ich meine, unterstützen. Meine Mission zur Astronomie steht unter dem Motto „Inklusion am Himmel", denn es sollen inklusive Veranstaltungen zusammen mit sehenden Menschen entstehen.
Sind wir also gespannt, was dieses alles noch Neues bringt.

Es grüßt Sie ganz herzlich
Gerhard Jaworek.

Gedichte mit Bezug zur Astronomie

Die Sonne tönt nach alter Weise

Aus Faust I: Prolog im Himmel,
von Johann Wolfgang von Goethe (1749 - 1832)

Die Sonne tönt nach alter Weise
In Brudersphären Wettgesang,
Und ihre vorgeschriebne Reise
Vollendet sie mit Donnergang.

Ihr Anblick gibt den Engeln Stärke,
Wenn keiner sie ergründen mag;
Die unbegreiflich hohen Werke
Sind herrlich wie am ersten Tag.

Und schnell und unbegreiflich schnelle
Dreht sich umher der Erde Pracht;
Es wechselt Paradieseshelle
Mit tiefer, schauervoller Nacht;

Es schäumt das Meer in breiten Flüssen
Am tiefen Grund der Felsen auf,

Und Fels und Meer wird fortgerissen
In ewig schnellem Sphärenlauf.

Und Stürme brausen um die Wette,
Vom Meer aufs Land, vom Land aufs Meer,
Und bilden wütend eine Kette
Der tiefsten Wirkung ringsumher.

Da flammt ein blitzendes Verheeren
Dem Pfade vor des Donnerschlags;
Doch deine Boten, Herr, verehren
Das sanfte Wandeln deines Tags.

Der Anblick gibt den Engeln Stärke,
Da keiner dich ergründen mag,
Und alle deine hohen Werke
Sind herrlich wie am ersten Tag.

Das Lied vom Kirschbaum

Von Johann Peter Hebel (1760 – 1826),
hochdeutsche Übersetzung

Zum Frühling sagt der liebe Gott:
„Geh, deck dem Wurm auch seinen Tisch!"
Gleich treibt der Kirschbaum Laub um Laub,
vieltausend Blätter, grün und frisch.

Das Würmchen ist im Ei erwacht,
es schlief in seinem Winterhaus;
es streckt sich, sperrt sein Mäulchen auf
und reibt die blöden Augen aus.

Und darauf hat's mit stillem Zahn
an seinen Blätterchen genagt;
es sagt: „Man kann nicht weg davon!
Was solch Gemüs' mir doch behagt!"

Und wieder sagt der liebe Gott:
„Deck jetzt dem Bienchen seinen Tisch!"
Da treibt der Kirschbaum Blüt' an Blüt',
vieltausend Blüten, weiß und frisch.

Und's Bienchen sieht es in der Früh
im Morgenschein und fliegt heran
und denkt: Das wird mein Kaffee sein;
was ist das kostbar Porzellan!

Wie sind die Täßchen rein gespült!"
Es steckt sein Züngelchen hinein,
es trinkt und sagt: Wie schmeckt das süß!
Da muß der Zucker wohlfeil sein!"

Zum Sommer sagt der liebe Gott:
„Geh, deck dem Spatzen seinen Tisch!"
Da treibt der Kirschbaum Frucht an Frucht,
vieltausend Kirschen, rot und frisch.

Und Spätzchen sagt: „Ist's so gemeint?
ich setz' mich hin, ich hab' App'tit,
das gibt mir Kraft in Mark und Bein,
stärkt mir die Stimm' zu neuem Lied." -

Da sagt zum Herbst der liebe Gott:
„Räum fort, sie haben abgespeist!"
Drauf hat die Bergluft kühl geweht,
und ‚s hat ein bissel Reif geeist.

Die Blätter werden gelb und rot,
eins nach dem andern fällt schon ab,
und was vom Boden stieg herauf,
zum Boden muß es auch hinab.

Zum Winter sagt der liebe Gott:
„Jetzt deck, was übrig ist, mir zu!"
Da streut der Winter Flocken drauf;
nun danket Gott und geht zur Ruh'!

Der Riesbaum

Von Johann Peter Hebel (1760 – 1826),
allemanisches Original von „Der Kirschbaum“

Der lieb Gott het zum Früehlig gseit:
„Gang, deck im Würmli au si Tisch!“
Druf het der Chriesbaum Blätter treit,
viel tausig Blätter grüen und frisch.

Und's Würmli, us em Ei verwacht's
‚s het gschlofen in sim Winterhus;
es streckt si und sperrt ‚s Müli uf
Und ribt die blöden Augen us.

Und druf, se het's mit stillem Zahn
am Blättli gnagt enanderno
und gseit: „Wie isch das Gmües so güt!
Me chunnt schier nimme weg dervor“.

Und wieder het der lieb Gott gseit:
„Deck jetz im Imli au si Tisch!“
Druf het der Chriesbaum Blüete treit,
viel tausig Blüete wiß un frisch.

Und's Imli sieht's und fliegt druf los,
früeih in der Sunne Morgeschin;
es denkt: „Das wird mi Kaffi sy,
sie hen doch chosper Porzelin.

Wie sufer sind di Chächeli gschwenkt!"
Es streckt si troche Züngli dry.
Es trinkt und seit: „Wie schmeckt's so süeß,
Do müß der Zucker wolfel sy."

Der lieb Gott het züm Summer gseit:
„Gang, deck im Spätzli au si Tisch!"
Druf het der Chriesbaum Früchte treit,
viel tausig Chriesi rot und frisch.

Und's Spätzli seit: „"sch das der Bricht?
Do sitzt me zü und frogt nit lang.
Das git mer Chraft im Mark und Bei
und stärkt mer d' Stimm züm neue Gsang."

Der lieb Gott het zum Spötlig gseit:
„Rum ab! sie hen jetz alli gha!"
Druf het e chüele Bergluft gweiht,
und's het scho chleini Rife g'ha.
Und ‚d Blättli werden gel und rot

und fallen eis im andere no,
und was vom Boden obsi chunnt,
muß au züm Bode nidsi go.

Der lieb Gott het züm Winter gseit:
„Deck weidli zui, was übrig isch."
Druf het der Winter Flocke gstreut –
Jetzt danket Gott und gönd zur Rui.

Der Morgenstern

Mundartgedicht von
Johann Peter Hebel (1760 - 1826)

Woher so früeih, wo ane scho,
Heer Morgestern, enandernoo
in dyner glitzrige Himmelstracht,
in dyner guldige Locke Pracht,
mit dynen Auge, chloor un blau
un suufer gwäschen im Morgetau?

Hesch gmaint, de seigsch ellainig do?
Nai, weger nai, mer mäihe scho!
Mer mäihe scho ne halbi Stund;
früeih ufstoh isch de Glidere gsund,
es macht e frische, frohe Müt,
un d'Suppe schmeckt aim no so güt.

`s gitt Lüt, si dose friili no,
si chönne schier nit uuse choo.
Der Mähder un der Morgestern
stöhn zytli uf un wache gern;
un was rne früeih um vieri tüt,
das chunnt aim z'Nacht um nüüni güt.

Un d'Vögeli sinn au scho do,
si stimmen ihri Pfiifli scho,
un uf ein Baum un hinterm Hag
sait ais im andere güte Tag!
Un ‚s Turteltüübli ruukt un lacht,
un's Bettzytglöckli isch au verwacht.

„Se helf is Gott, un geb is Gott
e güte Tag, un bhüet is Gott!
Mer betten um e christli Herz,
es chunat aim wohl in Freud un Schmerz;
wer christli lebt, het frohe Müt:
der lieb Gott stoht für alles güt."

Waisch, Jobbeli, was der Morgestern
am Himmel sücht? Me sait's nit gern!
Er wandtet ime Sternli noo,
er cha schier gar nit von ein loo;
doch rnaint sy Mütter,'s müeß nit sii,
un tüt en wie ne Hüehnli ii.

Drum stoht er uf vor Tag un goht
syrn Sternli noo im Morgerot;
er sücht, un's wird ein windeweh,
er möcht ein gern e Schmützli gee;

er möcht ein sagen: „I bi der hold!"
Es wär em über Geld un Gold.

Doch wenn er schier gar by n ein wär,
verwacht sy Mütter handumchehr;
un wenn si rüeft enandernoo,
sen isch rny Bürstli niene do.
Druf flicht sie ihre Chranz ins Hoor
un lüget hinter de Berge vor.

Literatur und Medienverzeichnis:

Richard P. Laeser, William I. McLaughlin, Donna M. Wolff (kein Datum). Fernsteuerung und Fehlerkontrolle von Voyager 2. Spektrum der Wissenschaften 1987/1

Asimov, I. (1990). Explodierende Sonnen. Die Geheimnisse der Supernova. Kiepenheuer & Witsch.

Berendt, J.-E. (2007). Die Welt ist Klang, Das Ohr ist der Weg, Das dritte Ohr. Auditorium Netzwerk.

Goethe, J.-W. (kein Datum). Faust 1. Projekt Gutenberg.

Hebel, J. P. (kein Datum). Hebels Alemannische Gedichte. Projekt Gutenberg.

Kant, I. (kein Datum). Allgemeine Naturgeschichte und Theorie des Himmels.

Kepler, J. (kein Datum). Harmonice Mundi.

Kippenhahn, R. (1993). Der Stern, von dem wir leben: Den Geheimnissen der Sonne auf der Spur. Stuttgart: Dt. Taschenbuchverlag.

Kippenhahn, R. (1999). Schwarze Sonne, roter Mond. Deutsche Verlagsanstalt Stuttgart.

Köln, W. R. (12 2013). WDR5, Wissenschaft und mehr: Leonardo – Geschichte der Astronomie: http://www1.wdr.de/radio/podcasts/wdr5/astronomie112.html

Pritlove, T. (18. 12 2011). raumzeit: Die Zukunft der Raumzeit: http://raumzeit-podcast.de/author/tpritlove/

Saint-Exupery, A. d. (1994). Wind, Sand und Sterne.